물 한 방울로 끝내는 화학 공부

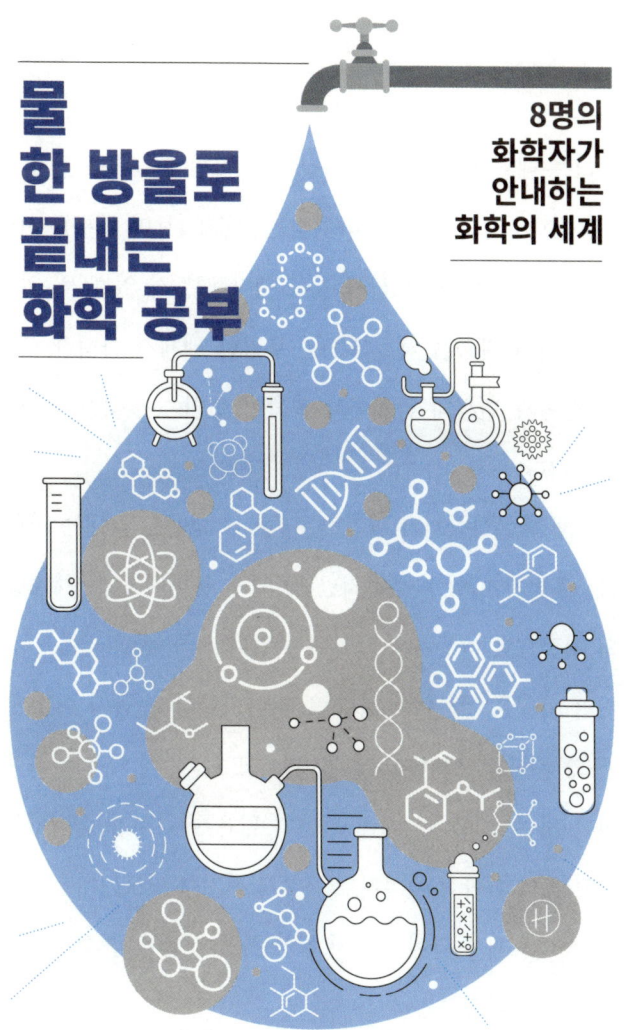

물 한 방울로 끝내는 화학 공부

8명의 화학자가 안내하는 화학의 세계

대한화학회 기획
김정민·박종호·윤홍석·이준석·이지연·장홍제·정병혁·최정모 지음

| 발간사

　우리는 매일 물과 함께 살아갑니다. 아침에 세수를 하고 커피를 끓이고 길가의 나무가 비에 젖는 모습을 보며 하루를 시작합니다. 너무 익숙해서 오히려 깊이 생각해본 적 없는 물. 하지만 물은 단순히 갈증을 해소해주는 투명한 액체가 아니라 세상의 모든 생명과 변화의 근원이자 화학이 펼치는 놀라운 이야기의 무대입니다.

　이번에 대한화학회가 발간하는 《물 한 방울로 끝내는 화학 공부》는 우리가 매일 마주하지만 잘 알지 못했던 물의 세계를 화학의 시선으로 따뜻하게 풀어낸 책입니다. 이 책은 물을 주제로 하지만 사실은 '삶 속의 화학'을 이야기합니다. 물이 어떻게 우리 몸의 온도를 조절하고 에너지를 만드는지, 왜 약은 물과 함께 먹어야 하는지, 물 한 컵에 얼마나 많은 에너지가 숨어있는지, 그리고 물의 화학적 에너지로 어떻게 전기를 만드는지를 따라가다 보면 어느새 화학이 우리의 일상 곳곳에 살아 숨 쉬고 있음을 느낄 수 있습니다.

　물은 생명을 잇는 매개체이자 자연과 인간을 조화롭게 이어주는 존재입니다. 얼음이 녹고 증기가 되어 하늘로 오르듯, 물은 끊임없이 순환하며 생명을 살리고 세상을 변화시킵니다. 그 변화의 이면에는 언제나 화학의 원리와 아름다움이 숨어있습니다. 화학은 결코 어려운 학문이 아닙니다. 다만 우리는 그 언어를 익숙하지 않은 방식으로 들어왔을 뿐입니다. 이 책을 통해 화학이 얼마나 따뜻하고 또 얼마나 인간적인 학문인지를 새롭게 느끼시길 바랍니다.

이 책의 기획과 집필에 참여해주신 김정민, 박종호, 윤홍석, 이준석, 이지연, 장홍제, 정병혁, 최정모 교수님과 대한화학회 화학대중화위원회에 진심으로 감사드립니다. 물이라는 익숙한 주제를 통해 화학의 본질을 쉽고 감동적으로 풀어내주셨습니다. 또한 이러한 시도를 통해 과학과 사회를 잇는 데 함께해주신 모든 분께 깊이 감사드립니다.

《물 한 방울로 끝내는 화학 공부》가 독자 여러분께 '가장 익숙한 것에서 가장 근본적인 것을 발견하는 즐거움'을 선사하길 바랍니다. 그리고 물처럼 맑고 깊은 호기심이 우리 일상에서 다시 피어나기를 바랍니다.

대한화학회 회장 (제54대, 2024~2025)

이필호

차례

발간사 4

1. **깨끗하지만 순수하지만은 않은 존재, 물_박종호**   13
   물은 실제로는 순수하지 않다 | 만약 그때 정수기가 있었다면 | 산성 과 염기성이라는 필터로 물을 다시 보다 | 물은 의외로 많은 것을 알 려준다

2. **생각보다 까다로운 물질, 물_최정모**   43
   물 분자를 만들어보자 | 얼음을 만들어보자 | 가벼운 물과 무거운 물이 따로 있다? | 물은 영하에서도 얼지 않고 흐를 수 있다

3. **조화와 공존의 매개체, 물_이지연**   73
   디카페인 커피에는 정말 카페인이 없을까 | 약은 물과 함께 드세요! | 염료는 물을 만나 색깔을 남긴다 | 물은 가장 근본적인 화학적 인프 라다

4. **쓸모없기도 쓸모 있기도 한 용매, 물_정병혁**   103
   물은 제거돼야만 한다 | 물을 무시하면 반드시 사고가 일어난다 | 물을 제거하는 기술로 실험실을 안전하게 | 그럼에도 물은 쓸모 있다

5. 생명 활동의 무대이자 연출자, 물_이준석   131

물은 세포의 균형을 잡아주고 몸의 산도를 유지시킨다 | 물은 몸의 온도를 조절하고 에너지를 만든다 | 물의 놀라운 메커니즘, 자기 조립 | 물은 생명의 본질을 결정한다

6. 에너지를 가득 담은 보물창고, 물_김정민   151

수돗물 한 컵에는 얼마나 많은 에너지가 숨어있을까 | 물이 흐르는 곳에 에너지가 있다 | 물이 흐르면 전기가 생성된다? | 물의 화학적 에너지로 전기를 만들다 | 깨끗한 물 없이는 에너지를 얻을 수 없다

7. 지구를 지구답게 하는 증거, 물_장홍제   179

물은 어디서 왔을까 | 물에서 물 아닌 것이 분리되며 생명이 시작되다 | 물의 흔적으로 지구를 읽는다면 | 물이 사라지면 무엇이 남을까 | 물로 이 우주 어딘가의 생명을 탐색하다

8. 맛있게 먹게 해주는 재료이자 요리사, 물_윤홍석   207

우리는 매일 물을 끓이지만 잘 알지 못한다 | 물은 열을 어떻게 다룰까 | 미네랄과 경도가 물맛을 결정한다 | 산염기 반응이 음식의 색과 질감을 바꾼다 | 물이 끓을 때 화학의 매력도 솟아난다

참고 문헌   231
도판 출처   237

세상의 모든 것은 물질로 이뤄져 있습니다.
우주, 태양, 지구는 물론이고
땅과 바다 그리고 하늘을 채운 공기는
우리를 둘러싼 물질입니다.

인간을 포함한 자연과 생명체는 수많은 원자가 모인 물질이며
그 생명이 유지될 수 있도록 돕는 의식주도 물질입니다.
이처럼 수많은 물질의 범람 속에서
가장 흔하고 익숙한 물질 하나를 꼽으라면
주저 없이 물이라 대답하고 싶습니다.

물은 순환을 통해 지구 환경을 구성하며
생명체의 대부분을 이루고 있습니다.
물 없이는 며칠도 살아남기 어려울 정도로
생명의 핵심이자 생명 탄생의 시작점입니다.
풍부한 물에서 거대한 문명이 싹터 이어져 왔고
산업의 발달에도 많은 물이 필요한 것처럼
물은 인간과 뗄 수 없는 가장 중요하며 간단한 물질입니다.

갈증 해소나 쓰임새에 주목해 물을 이야기할 수도 있지만
화학자는 물을 더 다채로운 시각으로 바라봅니다.
물이 반드시 필요한 화학도 있지만
물을 어떻게든 제거해야만 하는 화학도 있습니다.
물 자체를 분석하기도 하며
물을 이용해 숨겨진 진실을 밝혀내기도 하죠.

두 개의 수소 원자와 한 개의 산소 원자만으로 이뤄진
작고 간단한 구조 속에 놀라운 화학적 성질이 숨어있으며,
작은 것들이 모여 거대한 과학의 서사를 이끌어간 물질이
바로 물입니다.

종종 화학은 위험하거나 더럽고
어려운 과학으로 생각되기도 합니다.
아마 너무나 많은 화학 물질의 이름과 구조를 기억하고
성질을 이해해야 하기 때문일 듯합니다.

화학의 즐거움을 만날 수 있는 가장 흥미로운 관점은
하나의 물질이 보이는 다양한 모습을 살펴보는 것입니다.
그것도 직접 각자의 분야에서 연구하는 화학자들마다 가진
다른 관점을 들어본다면 더 흥미로울 것이라 기대합니다.

이 책을 읽음으로써 가장 기본적인 분자 H_2O가
우리 삶에 얼마나 깊숙이 관여하는지를
다양한 관점에서 탐구하는 시간이 되었으면 합니다.

물은 단순한 액체가 아닌,
화학반응이 일어나기 위한 '사건의 지평선'이자
화학적 단서를 담은 '정보의 저장소'이며
가장 근본적인 '화학적 인프라'입니다.

이제, 여덟 명의 화학자가 안내하는
물 한 방울과 함께하는 화학 여행을 시작합니다.

1.
깨끗하지만 순수하지만은 않은 존재, 물

박종호 (전북대학교 과학교육학부 교수)

H ──────── O ──────── H

　　분석화학을 연구하는 A 교수는 30년 전인 대학교 1학년 때 학교 축제의 기억이 생생하다고 합니다. 대학에 들어와서 처음으로 맞이하는 축제는 생각만 해도 설레기 마련입니다. 지금처럼 유명한 가수들의 화려하고 신나는 공연이 있지는 않았지만, 아기자기한 행사가 가득했고, 교정은 사람들도 북적였습니다. 하지만 A 교수가 기억하는 축제에 대한 감정은 이런 설렘이 아니라 당혹스러움입니다. 이건 그동안 생각하던 물이 진짜 물과 달랐기 때문입니다.

1. 깨끗하지만 순수하지만은 않은 존재, 물

물은 실제로는 순수하지 않다

대학교 1학년 학생이었던 A 교수는 축제에서 뭔가 새로운 걸 해보고 싶었습니다. A 교수는 자신이 화학을 전공한다는 것이 무척이나 자랑스러웠다고 합니다. 게다가 고등학교에서, 다른 과목은 몰라도 화학만은 항상 만점을 받았기 때문에 자신감도 하늘을 찌를 정도였습니다. 그래서 대학에 들어가 처음 맞이한 축제에서는 자신이 그렇게 사랑하는 화학이 얼마나 훌륭하면서도 재미있는 것인지 사람들에게 알리고 싶었습니다. 결국 생각해낸 것이 10원짜리 농전에 은도금해 500원에 파는 것이었습니다. 이것이야말로 화학과 관련된 재미있는 실험일 뿐만 아니라, 동전 하나당 490원이나 남는 장사이기도 했습니다.

A 교수의 생각은 다른 친구들의 마음에도 쏙 들어서(특히 490원의 마진이 매력적이었다고 합니다) 총 네 명이 재료를 모으고 사전 실험을 해보기로 했습니다. 실험은 간단했습니다. 질산 은($AgNO_3$) 수용액에 10원짜리 동전과 작은 은 막대를 담그고 동전에는 건전지의 음극을, 은 막대에는 양극을 연결합니다. 그러면 은 막대에서 은이 전자를 내놓고 산화돼 수용액에 은 이온(Ag^+) 형태로 녹아듭니다. 이때 은 이온이 10원짜리 동전 표면에서 전자를 얻어 환원됨으로써 동전은 은으로 도금되는 것입니다.

하지만 순조로울 것 같던 실험은 처음부터 위기를 맞았습니다. 질산 은 수용액을 만들려고 물에 소량의 질산 은 가루를 넣는 순간 수용액이 하얗게 변했던 것입니다. 질산 은 수용액이 무색투명할 것으로 예상했지만, A 교수와 그 친구들이 만든 용액은 묽은 우유와 같았습니다. "역시 이론과 실제는 다른 거야."라고 위로하며 그대로 은도금을 강행해봤지만, 도금은 전혀 일어나지 않았습니다. 결국 묽은 우유처럼 보이는 질산 은 수용액이 문제라고 결론을 내리고는 수용액을 몇 번이고 다시 만들어봤지만, 결과는 모두 같았습니다.

이렇게 그날의 야심 찬 실험은 실패로 끝났고, 네 명의 화학과 1학년 학생들은 장마철의 먹구름과 같은 좌절감과 자신들의 무능력에 대한 분함에 그날 밤 잠을 이룰 수 없었다고 합니다. 특히 '동전 하나당 490원'을 벌 기회가 날아가는 것이 아닐까 해서 더욱 실망했다고 합니다. 하지만 다음 날 A 교수와 학생들은 평소 친하게 지내던 대학원 선배에게 찾아가서 조언을 구했고, 죽어가던 꽃에 물을 주어 되살리는 것처럼 '동전 하나당 490원'을 벌 수 있다는 희망이 다시금 부풀어 올랐습니다.

묽은 우윳빛의 수용액이 만들어진 원인은, 겉으로 보기에 깨끗해 보이는 물이 사실은 깨끗하지 않았기 때문입니다. 좀 더 정확히 표현하자면, 그 물은 순수하지 않았습니다. 생수가 일반화

---

1. 깨끗하지만 순수하지만은 않은 존재, 물

되지 않았던 30년 전에는 학생들이 목이 마르면 학교 음수대의 물을 마셨습니다. 네 명의 학생들은 '동전 하나당 490원'을 벌게 해줄 신성한 은도금 실험에 가장 깨끗한 물을 사용하려고 했고, 그 학생들이 주변에서 구할 수 있는 가장 깨끗하고 순수하다고 생각한 물은 바로 학교 식당의 음수대에서 나오는 물이었습니다. 그 물을 받아서 거기에 질산 은 시약을 넣었던 것입니다.

하지만 식당 음수대의 물은 일반 수돗물이었습니다. 수돗물을 공급하는 정수장에서는 30년 전이나 지금이나 염소 성분을 이용해 소독합니다. 이 때문에 식당 음수대의 물에는 1L당 약 0.01~0.05g의 염화 이온(Cl^-)이 녹아있었습니다 수용액 상태에서 염화 이온은 은 이온을 너무나 좋아합니다. 염화 이온과 은 이온이 만나면 그 즉시 반응해 염화 은(AgCl)을 만드는데 ($Ag^+ + Cl^- \rightleftarrows AgCl$), 염화 은은 물에 녹지 않는 물질이므로 수용액에 하얀색의 침전물이 생깁니다. 이것이 네 명의 학생들이 관찰한 묽은 우윳빛 수용액의 정체였습니다.

사실 수돗물이 순수한 H_2O만으로 이뤄져 있다고 생각하는 사람은 거의 없습니다. 다만 수돗물에는 물 이외의 다른 물질이 생각보다 다양하게 적지 않은 양으로 들어있다는 것을 쉽게 예상하지 못할 뿐입니다. 수돗물에는 칼슘과 마그네슘, 소듐(나트륨), 포타슘(칼륨) 등의 무기물 성분이 1L당 각각 0.01g 수준으로 들어 있습니다. 칼슘만 생각하더라도 일반 가정집 욕조 물에 찻숟가락 네다섯 개 정도는 녹아있는데, 이 때문에 가습기에 수돗물을 채우고 몇 번 반복해 사용하면 통 바닥에 하얀 물질이 남는 것을 볼 수 있습니다. 수돗물에는 무기물 성분 말고도 유기 탄소와 같은 미량의 유기물 성분과 앞에서 이야기한 염소 성분 등도 포함돼 있습니다.

그렇다고 수돗물이 깨끗하지 않은 것은 아닙니다. 수돗물은 강이나 호수, 댐, 저수지 등에서 물을 가져와 모래와 같은 큰 입자는 가라앉히고 부유물이나 미세한 입자는 충분히 걸러내 맑고 투명하게 만듭니다. 그뿐만 아니라 염소를 이용해 세균과 미생물을 살균하므로 수돗물은 생활용수뿐만 아니라 식수로도 사용할 수 있을 정도로 깨끗하고 안전합니다. 하지만 수돗물은 깨끗하기는 해도 순수하지는 않아서 30년 전의 네 학생이 은도금에 필요한 질산 은 수용액을 만드는 데는 적합하지 않았습니다.

네 학생은 음수대의 수돗물 말고 더 순수한 물이 무엇일지 고심한 끝에, 평소 자주 가던 학교 앞 분식집에 있는 커다란 파란색 생수통을 생각해냈습니다. 네 학생이 분식집 사장님께 찾아가 사정해 생수를 받아서 질산 은 시약을 넣자, 다행히도 수용액은 맑고 투명한 색깔이었습니다. 염화 은의 침전물이 생기지 않은 것입니다. 결론은 해피엔드였습니다. 축제에서 네 학생의 은

도금 행사는 성공적이었고, 은도금해 100원짜리처럼 보이는 10원짜리 동전을 100여 개나 팔았습니다.

하지만 이 성공이 커다란 행운 때문이었다는 것을 A 교수는 나중에야 깨달았습니다. 분식집에서 가져온 생수도 사실 그렇게 순수하지 않았기 때문입니다. 주변에서 플라스틱 병에 담아 파는 생수는 사실 지하수입니다. 수질이 좋은 지하수에서 흙이나 모래, 곰팡이, 박테리아 등을 제거해 사람이 마실 수 있도록 처리한 물이 생수입니다. 따라서 생수에는 지하수에 녹아있는 물질들이 그대로 녹아있습니다.

생수의 수원지에 따라 차이는 있지만 H_2O 이외의 성분은 수돗물과 그리 다르지 않습니다. 생수를 다른 말로 '광천수' 또는 '미네랄워터'라고도 하는 것만 보더라도, 생수에 많은 양의 무기물이나 화학 성분이 그대로 녹아있음을 알 수 있습니다. 다만 생수는 수돗물과 달리 염소 살균 처리를 하지 않기 때문에 염화 이온이 수돗물보다 적은 양으로 녹아있을 뿐입니다. 수원지에 따라 수돗물과 비슷한 수준의 염화 이온이 포함된 생수도 많습니다만, 30년 전의 네 학생이 가져온 분식집의 생수에는 다행히도 염화 이온이 그리 많이 녹아있지 않았던 것으로 추정됩니다.

만약 그때 정수기가 있었다면

30년 전에는 흔하지 않았지만, 만약 네 학생이 찾아갔던 분식집이 생수가 아닌 정수기 물을 사용했더라면 그 물은 생수보다 훨씬 더 순수했을 것입니다. 정수기 물은 생수와 함께 식수로 많이 사용되지만, 그 성분은 생수와 전혀 다릅니다. 정수기에 사용되는 물은 일반 수돗물입니다.

물이 정수기로 들어오면 프리필터(prefilter)에서 작은 입자를 제거한 후 탄소로 구성된 활성탄 필터에서 수돗물의 염소 성분이나 유기 화합물을 제거합니다. 그다음에는 역삼투압 필터와 이온교환 필터에 차례로 통과시킵니다. 역삼투압 필터는 아주 작은 구멍을 가진 막을 사용해 물 분자만 통과시키고 다른 불순물(박테리아, 중금속 등)은 걸러냅니다. 아주 촘촘한 체를 이용해 모래와 물을 분리하는 것과 비슷한 원리입니다. 이온교환 필터는 물에 남아있는 칼슘·마그네슘·포타슘과 같은 양이온과 염소와 같은 음이온을 교환해 제거하는 장치입니다. 쉽게 말해, 물에 남아있는 전기적 성질을 띠는 성분을 다른 물질과 바꿔줌으로써 불순물을 없애는 것입니다. 예를 들어 정수기 필터에서 흔히 사용되는 '이온교환수지'는 칼슘과 마그네슘을 소듐이나 수소 이온과 교환하면서 물을 더 순수하게 만듭니다.

정수기의 작동 원리만 보더라도 정수기 물에는 여러 성분이 상당히 적게 존재한다는 것을 예상할 수 있습니다. 정수기 물의 칼슘과 마그네슘, 포타슘 등의 농도는 생수나 수돗물에 비해 100분의 1 또는 그 이하 수준이고, 염화 이온도 마찬가지입니다. 그래서 정수기 물이 수돗물에 비해 더 깨끗하다고 생각해 요즘에는 식수의 대명사로 받아들여지는 것입니다. 하지만 어떤 의미에서는 우리에게 필요한 미네랄의 함량이 너무 적다고 생각할 수도 있습니다.

다만 정수기 물에도 H_2O 이외의 다양한 성분이 여전히 많은 양으로 녹아있어서 기술적인 관점에서는 순수하다고 하기 어렵습니다. 정수기처럼 복잡한 과정을 거쳐서 불순물을 제거함에도 불구하고 순수한 물을 만들기 어려운 이유는, 물에는 만능 용매라고 불릴 만큼 다른 물질을 잘 녹이는 능력이 있기 때문입니다. 물 분자는 쌍극자 구조를 갖기 때문에 강한 극성을 띨 뿐만 아니라 다른 극성분자와 수소결합을 형성할 수도 있습니다. 이런 성질로 인해 물은 이온성 물질과 접촉하면 양이온과 음이온을 쉽게 분리해 녹일 수 있고, 극성분자와도 쉽게 상호작용 해서 물속으로 분산시킬 수 있습니다. 약간의 극성을 갖는 유기물은, 예를 들어 에탄올이나 알데히드는 물에 녹을 수 있습니다.

이 때문에 정수기 물도 엄격함을 요구하는 화학 실험에는 사용할 수 없습니다. 대신 화학 실험에는 증류수를 사용해야만 합니다. 30년 전의 네 학생도 조언을 청했던 친한 대학원생 선배에게 증류수를 조금만 달라고 요청했습니다. 하지만 그 선배는 필요 이상으로 청렴했기 때문에 아무리 사소한 양의 실험실 물품이라도 개인적인 용도로 사용하는 것을 거부했습니다. 만약 그 선배에게 약간의 융통성이 있었다면 네 학생은 과학적으로 허용되는 수준의 진짜 '순수한 물'을 사용해 은도금할 수 있었을 것입니다.

증류수(distilled water, DW)는 화학에서 오래전부터 혼합물 분리에 사용돼온 증류법을 이용해 불순물을 제거한 물을 말합니다. 불순물이 포함된 물은 일종의 혼합물이라고 볼 수 있습니다. 이것을 가열하면 불순물보다 순수한 물이 더 잘 기화되므로 이것을 받아 다시 냉각시키면 순도가 높아진 물을 얻을 수 있습니다. 이 과정을 여러 번 반복할수록 물은 더욱더 순수해집니다. 그래서 증류를 몇 번 했는지에 따라서 1차 증류수, 2차 증류수, 3차 증류수로 나누기도 합니다.

하지만 가열시켜 증류하는 것만으로는 불순물을 효율적으로 제거할 수 없습니다. 아무리 순수한 물이 기화가 더 잘 된다고 하더라도 불순물도 같이 기화돼 여전히 물에 섞여있기 때문입니다. 그래서 물의 순도를 효과적으로 높이려면 활성탄 필터, 초미

---

1. 깨끗하지만 순수하지만은 않은 존재, 물

세 필터, 역삼투압 필터, 이온교환수지를 이용해 콜로이드나 미세 입자, 유기물, 용존 기체, 전해질 등을 제거합니다. 이 방법은 어떻게 보면 정수기의 원리와 같습니다. 대신 정수기보다 불순물을 더 효과적으로 제거할 뿐입니다. 이렇게 만든 순수한 물을 초순수(ultra-pure water, UPW)라고 합니다.

물에서 불순물이 제거되면 전해질의 농도가 줄어들어 저항이 증가합니다. 흔히 물은 전기가 통하기 때문에 젖은 손으로는 전원을 만지면 안 된다고 알고 있습니다. 이건 우리가 일상생활에 사용하거나 먹는 물에는 다양한 전해질이 들어있기 때문입니다. 하지만 이론적으로 실험에도 사용할 수 있는 초순수는 그야말로 순수한 물 분자만 들어있기 때문에 전기가 통하지 않아야 합니다. 이 때문에 초순수를 탈이온수(deionized water, DIW)라고도 하는데, 물의 저항값을 물의 순도의 척도로 사용하기도 합니다.

국제적인 기준에 의하면 초순수는 전극 두 개를 물에 담가 1cm를 떨어뜨렸을 때 18MΩ(메가옴) 이상의 저항이 걸려야 합니다. 이때 초순수 1L 안에 총유기탄소(TOC)는 0.000001g 이하, 소듐 이온(Na^+)은 0.000003g 이하만이 존재해야 하며, 염화 이온은 존재해서는 안 됩니다. 이 정도 되면 H_2O 이외의 다른 물질이 거의 존재하지 않아 그야말로 '순수한 물'이라고 할 수 있습니다. 이렇게 순수한 물을 사용해야만 실험했을 때 불순물에 의한 효과를 무시할 수 있습니다.

　엄격하게 말하자면 증류수와 초순수(또는 탈이온수)는 서로 다른 범주의 물질이지만, 일반적으로 화학 실험에 사용하는 증류수는 초순수를 의미합니다. 30년 전의 A 교수를 비롯한 네 학생이 '동전 하나당 490원'을 벌려고 은도금 행사에 사용해야만 했던 물은 식당의 음수대 물도, 분식집의 생수도 아닌 바로 증류수였습니다.

산성과 염기성이라는 필터로 물을 다시 보다

　그러면 한번 만들어진 초순수는 시간이 지나도 초순수일까요? 결론부터 말씀드리면 초순수는 제조된 직후에만 초순수이며, 시간이 지나면 엄밀한 의미에서 더는 초순수가 아닙니다.

　초순수는 산성일까요, 염기성일까요? 일단, 제조된 직후의 초순수는 산성도 염기성도 아닌 중성입니다. 그런데 여기서 '산성', '염기성', '중성'은 무엇을 의미할까요? 산성, 염기성, 중성 개념은 일상생활에서도 흔히 씁니다. 바다가 산성화되는 것을 걱정하고, 소중한 모발 건강을 위해서 염기성(알칼리성) 샴푸를 고르며, 고급 옷에 묻은 얼룩을 지우려면 중성세제를 사용해야

한다고 합니다. 그런데 정작 산성, 염기성, 중성의 정확한 정의는 잘 모르고 사용하는 것이 사실입니다.

산성, 염기성, 중성의 정의를 알려면 물 자체가 자동으로 이온화된다는 사실을 먼저 이야기해야만 합니다. 액체 상태의 물은 수소 이온(H^+)과 수산화 이온(OH^-)으로 나뉘면서 이온화됩니다. 이것을 물의 자동 이온화(auto ionization)라고 합니다.

$$H_2O(l) \rightleftarrows H^+(aq) + OH^-(aq)$$

여기서 괄호 안에 이탤릭체로 적어놓은 l과 aq라는 기호는 그 화학종이 각각 액체(liquid)와 수용액(aqueous) 상태라는 것을 의미합니다. 사실 실제 물에서 H^+와 OH^-는 단독으로 존재하기보다는 다른 물 분자에 둘러싸여 있지만, 여기서는 이렇게 단순하게 생각하는 것이 가장 편합니다. 그런데 모든 물 분자가 이렇게 이온화되는 것은 아닙니다.

어떤 화학종이 얼마나 많이 존재하는지를 이야기하려면 '농도' 개념을 이해해야 합니다. 바닷물에는 물 1kg당 소금(NaCl)이 약 35g만큼 들어있고, 시중에서 판매되는 소주의 알코올 도수는 약 16%로서 100mL의 소주당 약 16g의 알코올이 녹아있습니다. 그런데 화학에서는 농도로서 몰 농도(molarity, 기호는 M)

를 많이 사용합니다. 이건 용액 1L에 특정 화학종 몇 몰(mole, 기호는 mol)이 들어있는지로 나타냅니다. 여기서 몰은 화학에서 사용하는 개수의 단위입니다. 도넛 12개의 묶음을 1더즌이라고 하고, 마늘 100개의 묶음을 한 접이라고 하듯, 어떤 물질 6×10^{23}개의 묶음을 1몰이라고 합니다. 6×10^{23}이라는 숫자는 6 다음에 0이 23개나 붙은 어마어마하게 큰 수인데, 이건 분자의 크기나 질량이 너무나 작으므로 이 정도 많은 개수의 묶음을 단위로 사용해야만 우리가 다룰 수 있는 양이 됩니다. 그러니 몰 농도의 단위는 '몰/L'입니다. 또한 몰 농도는 그 화학종에 대괄호를 써서 표현합니다. 예를 들어 [H^+]와 [OH^-]는 각각 H^+와 OH^-의 몰 농도를 의미합니다.

자, 물의 자동 이온화로 돌아갑시다. 물은 그저 자기 마음대로 이온화되는 것이 아니라 반드시 H^+의 몰 농도인 [H^+]와, OH^-의 몰 농도인 [OH^-]의 곱이 일정한 값을 갖는 만큼만 이온화됩니다. 이 '일정한 값'을 물의 자동 이온화 상수(기호는 K_W)라고 하고, 25℃에서 K_W는 1.0×10^{-14}입니다. (1.0×10^{-14}는 소수점 아래 열네 번째에 1이 있는 수입니다. 즉, 0.00000000000001입니다.) 이 값은 일정한 온도에서는 무슨 일이 있어도 만족해야만 하는 값입니다. 이것을 정리하면 다음의 식이 25℃에서 예외 없이 만족돼야 합니다.

---

1. 깨끗하지만 순수하지만은 않은 존재, 물

$$K_W = [H^+][OH^-] = 1.0 \times 10^{-14}$$

만약 물이 완벽하게 순수하다면, 물에서 H^+와 OH^-를 만들어 낼 수 있는 화학종은 물밖에 없습니다. 그러니까 물 분자 하나가 이온화돼 H^+와 OH^-를 각각 하나씩 만든다는 이야기입니다. 즉 H^+와 OH^-의 양은 같을 수밖에 없습니다. 이렇게 H^+와 OH^-의 양이 같은 때를 '중성'이라고 합니다. 이때 $[H^+]$는 $[OH^-]$와 같으므로 K_W의 값을 만족시키려면 $[H^+]$는 (25℃에서) 1.0×10^{-7}M이 돼야만 합니다.

1.0×10^{-7}M은 물 1L에 H^+가 1.0×10^{-7}몰만큼 들어있음을 의미합니다. 이것은 대략 물 분자 6억 개 중에서 단 하나의 물 분자만이 이온화돼 H^+와 OH^-를 각각 하나씩 만든 것과 같습니다. 사람 한 명을 물 분자 하나라고 한다면, 세계 인구 80억 명 중 단 열네 명만이 이온화됐다고 할 수 있습니다. 이걸 보더라도 물의 자동 이온화가 얼마나 적게 일어나는지를 알 수 있습니다.

1.0×10^{-7}과 같이 작은 수는 그대로 사용하기에는 너무 불편합니다. 그래서 이럴 때는 'p 함수'를 사용하는데, 이것은 숫자에 $-\log$를 취하는 것(로그함수에 음수를 취하는 것)입니다. p 함수를 사용하면 아주 작은 숫자도 1.2나 7.0처럼 우리가 편리하게 사용

할 수 있는 숫자가 됩니다. 예를 들어 pCa는 칼슘 이온(Ca^{2+})의 농도에 $-\log$를 취한 값입니다. 따라서 우리가 잘 아는 pH는 수소 이온의 농도(몰 농도)인 [H^+]에 $-\log$를 취한 값으로서, 이를 수식으로 표현하면 $-\log[H^+]$와 같습니다. 같은 식으로 pOH는 $-\log[OH^-]$입니다. 이렇게 p 함수를 사용하면 25℃의 중성에서 pH는 7입니다.

$$-\log[H^+] = -\log(1.0 \times 10^{-7}) = 7.00$$

H^+와 OH^-의 양이 같은 때를 중성이라고 정의했으니, 산성과 염기성을 알아볼 차례입니다. 이것을 이야기하려면 먼저 '산(acid)'과 '염기(base)'를 정의해야 합니다. 산과 염기의 정의는 여러 가지가 있습니다. 가장 간단한 정의는 '아레니우스(Arrhenius)의 산염기' 개념인데, H^+를 내놓는 화학종을 산이라고 하고 OH^-를 내놓는 화학종을 염기라고 합니다. 이 정의에 의하면, 아세트산(CH_3COOH)은 물에서 일부가 H^+와 CH_3COO^-로 이온화되면서 H^+를 내놓기 때문에 산이고, 수산화 마그네슘($Mg(OH)_2$)은 물에서 일부가 $MgOH^+$와 OH^-로 이온화되면서 OH^-를 내놓기 때문에 염기입니다.

---

1. 깨끗하지만 순수하지만은 않은 존재, 물

$$CH_3COOH(aq) \rightleftarrows H^+(aq) + CH_3COO^-(aq)$$
$$Mg(OH)_2(aq) \rightleftarrows MgOH^+(aq) + OH^-(aq)$$

그런데 암모니아(NH_3)와 같은 화학종은 물에 녹아 분명히 염기성을 띠지만 수산화기(-OH)가 없으므로 아레니우스의 산염기 개념으로는 이를 설명할 수 없습니다. 이 때문에 또 다른 정의인 '브뢴스테드-라우리(Brønsted-Lowry)의 산염기' 개념을 도입해야 했습니다. 이 정의에 의하면, 산은 아레니우스의 산 개념(H^+를 내놓는 화학종)과 같지만, 염기는 H^+를 받는 화학종을 염기로 정의합니다. NH_3는 물에 녹으면 물 분자에서 H^+를 가져와서 NH_4^+가 되므로 염기라고 할 수 있습니다.

$$NH_3(aq) + H_2O(l) \rightleftarrows NH_4^+(aq) + OH^-(aq)$$

이렇게 브뢴스테드-라우리의 산염기 개념으로 설명해야 하는 다른 염기로는 CH_3NH_2와 같은 아민(amines)이나 CH_3COO^-와 같은 이온 등이 있습니다.

$$CH_3NH_2(aq) + H_2O(l) \rightleftarrows CH_3NH_3^+(aq) + OH^-(aq)$$
$$CH_3COO^-(aq) + H_2O(l) \rightleftarrows CH_3COOH(aq) + OH^-(aq)$$

그런데 앞의 화학식을 보면 브뢴스테드-라우리의 산염기 개념을 도입하더라도 염기는 OH^-를 자체적으로 내놓지는 못하지만 물과의 반응을 통해서 여전히 OH^-를 만들어낸다는 것을 알 수 있습니다. 결국 두 가지의 산염기 개념 중 어떤 것을 이용하더라도, 산은 수용액에 H^+를 추가시키고 염기는 OH^-를 추가시킵니다(이것 말고도 루이스의 산염기 개념이 또 있지만 여기서는 다루지 않겠습니다).

순수한 물(초순수)은 중성이므로 25℃에서 pH는 7이라고 했습니다. 여기에 염기를 녹여 수용액을 만들면 OH^-가 추가로 만들어집니다. 이 때문에 OH^-의 농도인 $[OH^-]$는 1.0×10^{-7}M보다 커집니다. 그런데 이때 물속의 OH^-의 양만 변하는 것이 아닙니다. 일정 온도(예를 들면 25℃)에서 $[H^+]$와 $[OH^-]$의 곱은 K_w를 반드시 만족해야 한다고 했으니 $[OH^-]$가 커지면 $[H^+]$는 작아져야만 합니다. 만약 (25℃에서) 물에 녹은 염기 때문에 $[OH^-]$가 중성일 때보다 열 배인 1.0×10^{-6}M이 된다면 $[H^+]$는 1.0×10^{-8}M로 작아져야만 둘을 곱했을 때 일정한 K_w가 됩니다. 결국 이때의 pH는 8이 돼(pH = $-\log[H^+]$ = $-\log(1.0 \times 10^{-8})$ = 8) 중성일 때의 pH인 7보다 커집니다. 이렇게 $[H^+]$가 $[OH^-]$보다 작을 때의 성질을 염기성이라고 하고 25℃에서 염기성일 때 pH는 7보다 큽니다.

만약 초순수에 산을 녹이면 염기와 정확히 반대의 작용이 일어나서 [H$^+$]가 1.0×10^{-7}M보다 커지고 [OH$^-$]가 1.0×10^{-7}M보다 작아집니다. 그러니까 [H$^+$]가 [OH$^-$]보다 커지는데 이때의 성질을 산성이라고 합니다. 이때 pH는 7보다 작습니다. pH가 1만큼 변할 때마다 [H$^+$]는 열 배만큼 변합니다. pH가 6이면 [H$^+$]는 1.0×10^{-6}M이고 5에서는 [H$^+$]가 1.0×10^{-5}M이 됩니다. pH를 6에서 5로 낮추는 데 필요한 산의 양은 pH를 7에서 6으로 낮추는 데 필요한 양의 열 배가 필요한 것입니다. 같은 정도의 pH 변화량이더라도 pH가 낮아질수록 수용액의 성질이 훨씬 더 드라마틱하게 변하는 것입니다

그러면 초순수를 공기 중에 오래 보관하면 무슨 일이 일어날까요? 공기는 약 78%의 질소, 21%의 산소, 1%의 아르곤, 0.04%의 이산화 탄소 그리고 수증기와 나머지 미량 성분으로 이뤄져 있습니다. 그런데 질소와 산소, 아르곤과 달리 이산화 탄소(CO_2)는 물에 굉장히 잘 녹는 기체입니다. 물 1L에 이산화 탄소 약 1.45g이 녹을 수 있는데, 이것은 이산화 탄소가 기체일 때의 부피로 따지면 약 0.8L에 해당합니다. 이산화 탄소가 물에 녹으면 탄산(H_2CO_3)이 되는데, 이것은 산으로서 작용해 물에 녹은 탄산 중 일부가 H$^+$와 중탄산 이온(HCO_3^-)을 만듭니다. 중탄산 이온도 약하게 이온화해 H$^+$와 탄산 이온(CO_3^{2-})을 소량 만듭니다.

$$CO_2(g) + H_2O(l) \rightleftarrows H_2CO_3(aq)$$

$$H_2CO_3(aq) \rightleftarrows H^+(aq) + HCO_3^-(aq)$$

$$HCO_3^-(aq) \rightleftarrows H^+(aq) + CO_3^{2-}(aq)$$

따라서 이산화 탄소가 물에 녹으면 용액이 산성화돼 pH가 낮아집니다. 이 때문에 많은 양의 이산화 탄소를 강제로 녹여놓은 탄산수의 pH는 3에서 4 정도이고, 또 다른 산인 인산(H_3PO_4)이 추가로 들어있는 콜라의 pH는 약 2.5입니다. 하늘에서 내리는 빗물의 pH는 5.5에서 6 사이입니다. 하늘로 올라간 수증기가 모여 작은 물방울인 구름이 된 직후에는 중성이지만 공기 속의 이산화 탄소가 구름 속 물방울에 녹아 산성으로 변하기 때문입니다.

초순수도, 제조된 직후에는 25℃에서 pH가 7인 중성이지만 공기에 노출된 상태로 보관되면 공기 중의 이산화 탄소가 녹아 들어가서 점점 산성으로 변합니다. 그래서 약 30분 이내에 pH가 5.5에서 6 사이가 되고 이산화 탄소는 더는 녹지 않습니다. 만약 이 정도의 pH가 실험에 영향을 미치지 않는다면 그대로 사용해도 되지만, 초순수에 녹아있는 이산화 탄소의 양이나 물의 pH가 중요할 때는 실험 전에 초순수를 끓여서 이산화 탄소를 제거한 후 식혀서 사용해야만 합니다.

그런데 잘 보면, pH를 이야기할 때 항상 온도를 같이 이야기합니다. 이게 굉장히 거슬려 보이지만 아주 중요합니다. K_W는 온도가 일정하다면 시간과 공간을 막론하고 항상 같은 값을 가지지만, 온도가 변하면 그 값이 변하기 때문입니다. K_W의 값은 25℃에서 1.0×10^{-14}이지만 50℃에서는 5.3×10^{-14}로 커지고, 100℃에서는 5.4×10^{-13}이 됩니다. 25℃에서는 전 세계 인구 중 14명이 이온화되지만, 50℃에서는 33명, 100℃에서는 106명이나 이온화되는 셈입니다. 그래서 중성일 때의 pH는 50℃에서는 7이 아니라 6.6이고, 온도가 100℃에 이르렀을 때는 중성에서의 pH가 6.1입니다. 이 때문에 pH를 측정할 때는 온도가 중요하기에 용액의 pH를 측정하는 기기인 pH 미터에는 온도를 측정하는 센서가 내장돼 있는 것이 일반적입니다.

원자력을 연구하는 기관에 갓 입사한 한 신입 연구원은 원자력발전소에서 사용되는 냉각수의 pH 문제 때문에 머리를 쥐어짜며 고민하느라 연구의 진도가 전혀 나가지 않았습니다. 화력발전소에서는 석탄이나 석유를 태워 물을 끓여 터빈을 돌려서 전기를 만듭니다. 원자력발전소에서는 불을 피우는 대신 원자로에서 핵분열로 발생한 열을 이용합니다. 열은 '1차 냉각수'라고 하는 물에 흡수되는데, 이 물은 150기압의 압력이 가해지므로 여전히 액체 상태로 존재하고 그때의 온도는 약 300℃까지 올라갑니다(물은 1기압에서는 100℃에서 끓어 기체가 돼버리기 때문에 주변에서 100℃가 넘는 물을 볼 수는 없습니다. 그러나 압력을 높이면 더 높은 온도에서도 물이 액체로 존재하게 만들 수 있습니다).

하지만 이 물은 핵분열 때문에 방사화돼 있어서 위험하므로 그대로 증기로 만들어 터빈을 돌릴 수는 없습니다. 대신 1차 냉각수의 열을 '2차 냉각수'라는 새로운 물로 옮겨서 이걸로 증기를 만듭니다. 이때 2차 냉각수에도 약 70기압의 압력을 가하면 275℃에서도 물을 액체 상태로 유지할 수 있습니다. 그런데 발전소의 금속 배관이 산성 상태에서는 부식되기 쉬우므로 2차 냉각수에 아민과 같은 염기를 넣어서 염기성으로 조절할 필요가 있습니다. 이 때문에 원자력발전소 2차 냉각수의 pH를 항상 측정해 염기성이 되는지를 점검해야만 합니다.

그러나 이 신입 연구원이 읽고 있었던 보고서에는 2차 냉각수의 pH가 7 근처라고 적혀있었습니다. '상당량의 아민을 넣으면 분명히 염기성이 돼야 하는데 어째서 pH는 7 근처일까?' 이 연구원의 상식으로는, 중성은 무조건 pH가 7임을 의미했기 때문에 보고서의 pH 값을 도무지 이해할 수 없었습니다.

여기서 A 교수가 다시 등장합니다. 은도금 행사에 성공했던 그 학생은 나중에 화학자가 됐고 원자력 연구를 도와주던 중에 이 신입 연구원을 우연히 만났습니다. 연구원은 자신이 풀지 못하던 문제를 A 교수에게 물어봤고, pH가 7인 2차 냉각수는 중성 상태가 아니라 확실히 염기성이라는 것을 알게 됐습니다. 2차 냉각수의 온도인 275℃에서 K_W는 약 6.0×10^{-12}이기 때문에 중성에서 pH는 7이 아니라 5.6이기 때문입니다. 그제야 이 신입 연구원은 고민이 해결돼 자신의 연구를 계속할 수 있었습니다.

물은 의외로 많은 것을 알려준다

A 교수의 연구 범위는 상당히 다양해서 철새가 어디에서 날아왔는지를 알아내는 연구를 시도하기도 했습니다. 조류독감(Avian Influenza, AI)이 닭이나 오리와 같은 가금류에서 발병하면 다른 농가에도 쉽게 전염되기 때문에 주변 수 킬로미터에 들어있는 모든 가금류를 예방적으로 살처분해야 합니다. 이건 농가에 심각한 피해를 주지만, 죽임을 당하는 수많은 닭이나 오리에 대한 동물 복지 차원의 문제도 있습니다. 이렇게 심각한 조류독감의 원인으로 철새가 지목됐고, 그 철새들이 과연 어디에서 날아왔는지를 규명할 필요가 있었던 것입니다.

이를 위해서 가장 쉽게 생각했던 것은 철새를 잡아 범지구위치결정시스템(Global Positioning System, GPS)을 달고 날려 보낸

후 위성으로 이동 경로를 추적하는 것입니다. 이것은 철새의 이동 경로를 실시간으로 확인할 수 있을 뿐만 아니라 공간적으로 아주 정확한 정보를 제공합니다. 그러나 GPS의 무게가 상당하므로 새가 자유롭게 날아다니기가 어려워 이동 경로를 왜곡시킬 수 있습니다. 그뿐만 아니라 GPS의 배터리가 오랫동안 버틸 수 없어 장기간의 추적도 쉽지 않습니다. 다른 방법은 철새에게 가벼운 가락지를 달아놓고 날려 보낸 후 전 세계적으로 다시 포획해 확인하는 것입니다. 어떤 곳에서 잡힌 철새에 특정 가락지가 달려있는 것을 확인하면 그 철새의 출발지와 종착지를 알 수 있다는 원리입니다. 하지만 가락지를 달아준 새를 다시 포획하지 못하면 이동 경로를 확인할 수 없습니다.

하지만 A 교수는 분석화학을 연구하는 화학자이기 때문에 이보다는 화학적인 방법을 찾고 있었습니다. 그 결과 철새의 깃털에 있는 수소나 산소의 동위원소비를 질량분석기로 분석하는 방법을 채택하기로 했습니다.

물은 수소와 산소로 이뤄져 있습니다. 그런데 수소는 동위원소(isotope, 원자번호는 같지만 질량이 다른 원소)로서 ^{1}H(기호는 H)와 ^{2}H(중수소, 기호는 D)가 있고 심지어 ^{3}H(삼중수소, 기호는 T)도 있습니다. 산소의 대표적인 동위원소는 ^{16}O와 ^{18}O입니다. 따라서 물은 이들의 다양한 조합으로 이뤄져 있습니다. 물

1. 깨끗하지만 순수하지만은 않은 존재, 물

론 자연에서 수소는 ^1H, 산소는 ^{16}O의 존재비가 압도적으로 많아서 대부분의 물 분자는 $H_2^{16}O$(몰 질량 16) 형태입니다. 하지만 $HD^{16}O$(몰 질량 17)이나 $H_2^{18}O$(몰 질량 18) 형태도 존재합니다($D_2^{16}O$, $HD^{18}O$, $D_2^{18}O$ 등도 가능하지만 자연에서는 거의 존재하지 않습니다).

이렇게 다양한 질량을 갖는 물 분자는 증발과 응결의 정도가 모두 다릅니다. 무거운 동위원소가 포함된 물(무거운 물)은 온도가 낮을 때 더 빨리 응결돼 사라지므로 구름에는 가벼운 동위원소가 많이 남아 비로 내립니다. 이 때문에 기온이 낮은 지역이나 고위도 지역에서는 물에 D나 ^{18}O가 적게 포함돼 있습니다.

또한 바다에서 증발해 형성된 구름이 내륙으로 이동하면서 무거운 물이 먼저 비로 내리므로 해안 지역의 물에는 무거운 동위원소가 많지만, 내륙으로 갈수록 가벼운 동위원소가 많이 존재합니다. 그뿐만 아니라 구름이 산을 넘을 때는 무거운 물이 먼저 응결돼 비로 내리므로 산을 넘은 후에는 무거운 동위원소가 적게 존재합니다. 이런 다양한 이유로 각 지역 물의 수소 동위원소비(δH)나 산소 동위원소비(δO)는 고유의 값을 갖습니다. 국제원자력기구(International Atomic Energy Agency, IAEA)는 전 세계의 이러한 동위원소비 정보를 데이터베이스로 만들어놓았습니다.

철새는 번식과 먹이 활동, 겨울나기(월동) 등의 이유로 이동합니다. 예를 들어 오리는 북쪽 지방에서 번식하고 겨울에는 겨울나기를 하려고 우리나라로 날아옵니다. 번식지에서 태어난 새끼는 이동하기 전까지 번식지의 물을 먹고 자라는데, 깃털을 만드는 데 필요한 수소와 산소의 주원료가 이 물입니다. 따라서 그 지역 물의 수소/산소 동위원소비 정보가 그대로 깃털에 남아있습니다. 이 때문에, 우리나라에서 잡은 오리의 깃털 속 수소/산소 동위원소비를 분석하고 IAEA의 데이터베이스와 비교하면 그 오리가 어디에서 태어나 날아왔는지를 알 수 있습니다. 이렇게 정보를 수집하면 철새의 종류마다 이동 경로를 알아낼 수 있고, 조류독감이 어떻게 생겨서 전파되는지를 연구하는 데 이용할 수 있습니다.

물을 구성하던 수소와 산소의 동위원소비를 분석하는 것은 다양한 분야에 적용될 수 있고, 철새의 이동 경로를 알아내는 것은 하나의 예에 불과합니다. 이 방법은 범죄 해결과 관련된 법과학 분야에도 활용됩니다. 사람의 머리카락은 일주일에 약 2mm씩 자랍니다. 이때 생겨난 머리카락 부분은 당시 그 사람이 마신 물을 원료로 만들어집니다. 만약 한 사람이 어떤 지역에서 물을 마시며 생활하면 그 지역 물의 수소/산소 동위원소비 정보가 그 당시 자라난 머리카락 부분에 남아있는 것입니다.

지난 2000년 미국 유타주의 솔트레이크시티 외곽 지역에서 한 여성의 시신이 발견됐습니다. 시신은 거의 부패돼 뼈 일부와 금발의 머리카락 정도만 남아있었으며, 피해자의 신원을 알아낼 수 있는 신분증이나 다른 소지품도 없었습니다. 그래서 오랫동안 이 피해자가 누구인지조차 알아낼 수 없었습니다. 경찰은 2008년에야 산소의 동위원소비를 분석하는 새로운 방법을 알게 됐고, 과학수사 팀에 피해자의 머리카락 분석을 의뢰했습니다. 과학수사 팀에서는 피해자의 머리카락을 일주일 동안 자란 만큼의 길이대로 잘게 자른 다음 그 부분의 산소 동위원소비를 분석했고, 그 결과를 바탕으로 피해자가 주간 단위로 어느 지역의 물을 마시며 생활했는지를 재구성할 수 있었습니다.

경찰은 피해자가 미국 북서부 태평양 지역에서 이주해왔다고 결론 내렸고, 결국 2012년에 시애틀의 실종자 중에서 피해자의 신원을 확인할 수 있었습니다. 물론 아직 범인을 잡지는 못했지만, 아무 단서도 없었던 피해자가 누구인지 밝혀낼 수 있었던 것은 물에서 유래한 산소의 동위원소 분석 덕분이었습니다.

아쉽게도 물의 수소/산소 동위원소비로 수행한 법과학 분석은 이제 성공하기 어려워졌습니다. 미국이나 우리나라, 사람들은 그 지역의 물보다 플라스틱 병에 담긴 생수를 많이 마시기 때문입니다. 하지만 물에서 유래한 수소나 산소의 동위원소비를 분석하는 방법은 법과학 분야 말고도 와인이나 벌꿀과 같은 식품의 원산지를 알아내는 데 여전히 사용됩니다. 이제 물을 마실 때 그 안에 담긴 과학을 한번 떠올려보셔도 좋겠습니다. 물이 단순한 액체가 아니라, 과학적 단서를 담은 '정보의 저장소'라는 사실을 기억하면서요.

2.

생각보다 까다로운 물질, 물

최정모 (부산대학교 화학과 교수)

H ——————— O ——————— H

분자 모델링(molecular modeling)이란 수학모형을 사용해 분자들의 성질과 움직임을 흉내 내는 작업을 말합니다. 모형을 잘 만들면 실험 데이터와 일치하는 결과를 얻을 수 있고, 모델링 결과로부터 실험으로 알 수 없는 여러 정보를 얻을 수 있습니다. 다만 정확한 결과를 위해서는 무지막지한 양의 계산이 수반되기 때문에, 사람이 직접 계산을 수행하는 대신 보통 컴퓨터를 사용해 모형을 구현하곤 하죠.

대학을 졸업할 때쯤, 저는 분자 모델링의 아름다움에 심취해 있었습니다. 그리고 대학원에 가서 분자 모델링을 더 깊이 공부해야겠다고 결심했죠. 대학원 입학을 앞두고 저는 이미 분자 모델링 분야를 연구하는 선배를 찾아가 조언을 구했습니다. "분자 모델링 연구를 할 거라면 물은 건드리지 마." 이유를 묻는 제게 선배는 짧게 답했습니다. "엄청 고생할 거다." 물 분자는 산소 원자 하나에 수소 원자 두 개로 이뤄진 단순한 분자입니다. 이 단순한 분자를 모델링하는 게 뭐 그렇게 어려운 일이라고 선배는 제게 겁을 줬을까요?

물 분자를 만들어보자

우선 물 분자 하나를 만들어볼까요? 지금까지 화학자들이 만들어낸 모델링 기법 중 정확도가 가장 높은 것은 양자역학에 기반한 기법입니다. 분자를 구성하는 각 원자를 원자핵과 전자로 쪼개서 생각한 뒤, 전자들의 거동을 양자역학적으로 취급해 분자 전체의 에너지를 계산해내는 방법이죠. 이러한 양자역학 계산은 무척 복잡하므로 보통 다양한 가정을 도입해 계산량을 줄이는데, 그렇게 해도 원자 수가 많아지면 컴퓨터로도 계산하기가 어렵습니다. 하지만 물 분자 하나 정도라면 해볼 만하죠.

물 분자는 산소 원자를 중심으로 수소 원자가 대칭적으로 양쪽에 붙어있는 모양입니다. 이 모양을 유지하면서 산소 원자와 수소 원자 사이의 길이, 그리고 수소-산소-수소 각도를 바꿔가

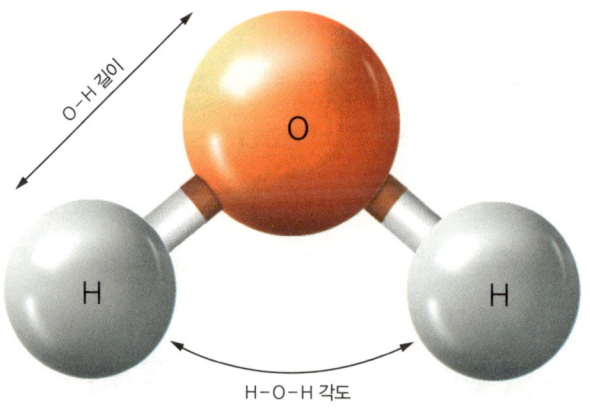

그림 2-1
물 분자의 구조 찾기. 양자역학 모델링 결과에 따르면 O-H 길이는 95.8pm, H-O-H 각도는 104.5°인 구조가 가장 안정하다.

면서 구조별로 에너지를 계산합니다. 자연은 에너지가 낮은 구조를 선호합니다. 이런 구조를 안정한 구조라고 하죠. 그러므로 계산한 여러 구조 중 가장 에너지가 낮은 구조를 찾으면 그것이 분자 모델링이 예측한 물 분자의 안정한 구조가 됩니다. 그래서 그 구조가 어떤 구조냐고요? 산소-수소 길이는 95.8pm, 수소-산소-수소 각도는 104.5°인 구조랍니다. 이 결과는 실험으로 찾아낸 값과도 잘 일치하죠.

또 한 가지 양자역학 모델링으로 알 수 있는 것은 가장 안정한 물 분자구조에서 산소 원자는 약간의 음전하를, 수소 원자는 약간의 양전하를 띤다는 것입니다. 이는 산소가 전자를 좋아해서 수소와 가까이 있으면 수소에서 전자를 조금 빼앗아오는 성질이 있기 때문이라고 설명할 수 있습니다. 이렇게 분자 내에서 양전하와 음전하가 분리돼 있기 때문에 물 분자가 다른 물 분자와 서로 작용할 때 전기적인 상호작용을 할 수 있습니다.

자, 이렇게 물 분자 하나는 성공적으로 모델링할 수 있습니다. 하지만 실제 물의 성질을 연구하려면 물 분자 하나만으로는 부족합니다. 우리가 실제로 다루는 물에는 엄청나게 많은 물 분자가 들어있기 때문이죠. 앞에서 양자역학 모델링 기법으로는 원자의 수가 너무 많아지면 계산이 어렵다고 했습니다. 그래도 현재 기술로 물 분자 몇십 개 정도까지는 양자역학을 고려한 모델링을 수행할 수 있습니다. 하지만 이것도 실제 물을 흉내 낸다고 하기에는 너무 적은 수입니다. 이제 접근법을 좀 바꿀 필요가 있습니다.

지금까지 이야기한 모델링 기법은 양자역학이 그 핵심에 있습니다. 양자역학을 고려하기 때문에 정확하지만, 바로 그렇기 때문에 계산량이 많습니다. 양자역학을 빼고 보다 단순한 모형을 만들어보면 어떨까요? 원자핵과 전자를 구분해 취급하는 대신 원자 하나하나를 딱딱한 공이라고 보고, 원자와 원자의 결합은 단단한 용수철로 이뤄져 있다고 모형을 세워 보는 것입니다. 이런 모형은 고전역학 모형이라고 할 수 있습니다.

앞서 양자역학 모델링으로 산소-수소의 길이와 수소-산소-수소 각도를 찾았으니 그 값에 맞게 물 분자의 구조를 만들어봅시다. 수소를 놓고, 95.8pm 떨어진 곳에 산소를 놓고, 두 원자를 용수철로 이어줍니다. 이 산소에 다시 다른 수소를 95.8pm짜리 용수철로 붙여주고, 수소-산소-수소의 각도는 104.5°로 맞춰줍니다. 우리가 찾은 전하 분포도 흉내 내야겠죠? 산소에 음전하를 조금 뿌려주고 그에 맞춰 수소에도 양전하를 할당해 분자 전체적으로는 중성이 되도록 맞춰줍니다.

짠! 물 분자가 하나 완성됐습니다. 동일한 물 분자를 우리가 원하는 수만큼 복사해서 여기저기 붙여주면, 물 분자가 가득 들어있는 상자가 만들어지죠. 이제 전하끼리 주고받는 상호작용과 주어진 온도에서 각 원자가 갖는 운동에너지를 고려해 안정한 상태를 찾으면, 이 모형 시스템의 성질을 연구할 수 있습니다.

실제로 물 분자는 우리에게 매우 중요한 분자이면서 그 구조가 단순하므로 분자 모델링 초창기부터 큰 관심을 받아왔습니다. 컴퓨터를 사용한 최초의 물 분자 모델링은 1969년에 이뤄졌고, 이 연구에서는 고전역학적으로 64개의 물 분자를 구현했습니다. 만약 물 분자 모델링이 쉬운 일이었다면 아마 그 이후 별 발전이 없었겠지요. 하지만 지금까지 50년 넘는 동안 물 분자를 흉내 내는 모형은 100개 넘게 제안됐고, 여전히 어느 모형이 더 나은지를 두고 과학자들 사이에서 논의가 지속되고 있습니다.

우리가 만든 물 분자 모형이 맞는지는 어떻게 확인할 수 있을까요? 실험적으로 측정할 수 있는 값들과 비슷한 값을 모형으로 얻을 수 있는지 확인하면 됩니다. 예를 들어 컴퓨터 안에 구현해놓은 물 모형이 1기압, 25℃에서 우리가 측정한 물의 밀도와 비슷한 밀도를 만들어낼 수 있는지 확인해볼 수 있겠죠. 문제는 우리가 측정할 수 있는 물리량의 종류가 매우 많다는 것입니다.

물이 수증기가 될 때 얼마나 많은 열을 가해줘야 하는지를 나타내는 지표인 기화열(heat of vaporization), 온도를 일정 크기로 변화시키려면 열을 얼마나 가해줘야 하는지를 나타내는 지표인 비열(specific heat), 분자들이 얼마나 잘 돌아다니는지를 나타내는 지표인 확산 계수(diffusion coefficient), 물질이 전기적인 자극에 어떻게 반응하는지를 나타내는 지표인 유전율(dielectric constant) 등이 전부 실험적으로 아주 정밀하게 측정돼 있는 값들입니다. 여기에 더해 온도가 달라지면 이 값들도 다 달라집니다. 밀도를 예로 들면 25℃의 밀도와 4℃의 밀도, 50℃의 밀도가 다르죠.

안타깝게도 이 모든 조건에서 모든 물리량을 정확하게 맞추는 물 모형은 존재하지 않습니다. 하나의 물리량을 잘 맞추는 모형은 다른 물리량에서 꽤 큰 오차를 보이고, 그 물리량을 잘 맞추는 모형은 또 다른 물리량에서 오차를 보입니다. 지금 분자 모델링에서 널리 사용되는 물 모형 중 TIP3P라는 모형이 있는데, 1983년 나온 이 모형은 물이 25℃에서 갖는 밀도는 제법 정확하게 맞추지만 다른 온도로 가면 정확도가 떨어진다고 알려져 있습니다. 그렇다고 25℃의 물을 완벽하게 묘사하는 것도 아닌 게, 확산 계수와 유전율은 25℃에서조차 큰 오차를 보입니다. 마치 다리 네 개 달린 책상을 울퉁불퉁한 바닥 위에 놓을 때 세 개의 다리는 어찌저찌 균형을 맞춰놓아도 다른 하나의 다리가 항상 맞지 않는 것처럼, 완벽한 물 모형은 존재할 수 없는 것입니다.

고전역학 모형에서 완벽한 물 모형이 존재하지 않는 이유는 무엇일까요? 본질적으로 분자 안에 포함돼 있는 전자들은 한곳에 가만히 머물러 있지 않습니다. 양자역학에 따르면 분자 내의 전자는 작은 공처럼 행동한다기보다 구름처럼 잘게 흩어져서 분포합니다. 그리고 이 '전자구름'의 분포는 주위 환경에 따라 많이 바뀔 수 있습니다. 우리가 하늘에서 보는 구름처럼, 한 순간에는 이쪽에 많이 뭉쳐있다가 다음 순간에는 저쪽으로 몰려갈 수도 있습니다. 그러면 분자 전체의 전하 분포도 이리저리 변하게 되겠죠. 그런데 우리의 모형은 전자가 보이는 이러한 특성을 무시하고, 원자 하나하나를 딱딱한 공처럼 묘사한 뒤 전자의 효과는 그저 각 원자에 일정한 전하량을 할당하는 것으로 처리했죠. 즉, 공 세 개만 가지고는 완벽한 물 모형을 만들 수 없는 것입니다.

분자 모델링을 연구하는 학자들은 여기서 선택의 기로에 서게 됩니다. 우리는 모형을 더 복잡하게 만들어서 더 정확한 물 모형을 만들 수도 있습니다. 실제로 분자 내의 전하 분포를 더 잘 묘사하려고 입자를 더 추가하는 모형들이 있습니다. 즉, 세 개의 공 대신 네 개의 공, 다섯 개의 공을 써서 물 분자를 묘사하려고 하죠.

이렇게 해서 정확도가 올라가는 물리량들도 있습니다. 예를 들어 TIP5P라는 모형은 다섯 개의 단위 입자를 가지고 물 분자를 묘사하는데, TIP3P의 약점을 많이 개선한 것으로 알려져 있습니다. 하지만 이 모형마저도 환경에 따라 변화하는 물 분자의 특성을 반영하기는 부족하므로, 모든 물리량을 정확하게 맞추지는 못합니다. 예를 들어 25℃의 비열 예측에서는 TIP3P에 비해서도 훨씬 큰 오차를 보이죠. 그래서 단순히 입자의 수만 늘리는 대신 분자 주위의 환경에 따라 분자의 성질이 변화하는 더 복잡한 모형을 만들기도 합니다.

문제는 모형이 복잡해지면 복잡해질수록 계산 시간이 점점 더 오래 걸린다는 것입니다. 연구를 위해 많은 수의 물 분자를 집어 넣고 모델링을 하고 싶은데, TIP3P를 사용하면 두 시간에 끝날 계산을 더 정확한 모형이라고 20년 동안 할 수는 없잖아요? 그래서 적당한 수준에서 타협하고, 한계를 인지한 상태로 분자 모델링을 활용하는 것이 일반적인 과학자들이 선택하는 길입니다. 즉, 많은 실험값을 정확하게 맞추는 복잡한 모형을 사용하는 대신, 연구에서 중요한 역할을 하는 성질만 충분히 정확하게 예측되는 단순한 모형을 사용하는 거죠. 예를 들어 단백질 분자가 녹아있는 25℃의 수용액 시스템을 모델링하고 싶다면, 대부분 물 모형은 밀도 정도만 어느 정도 맞춰도 충분하므로 TIP3P와 같은 단순한 모형을 사용할 수 있습니다.

얼음을 만들어보자

물의 중요한 특징은 강력한 수소결합입니다. 수소결합이란 수소가 매개하는 특수한 종류의 상호작용을 가리키는 말입니다. 앞서 살펴본 것과 같이, 물 분자의 경우 산소 원자에는 약간의 음전하가, 수소 원자에는 약간의 양전하가 쌓여있습니다. 따라서 물 분자의 수소와 다른 물 분자의 산소가 가까이 오면 둘 사이에 잡아당기는 힘이 작용합니다. 이러한 종류의 상호작용을

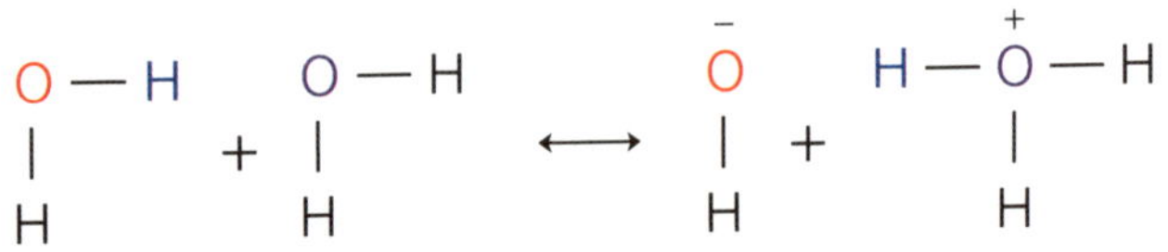

그림 2-2
수소결합에 기여하는 화학결합의 근원. 주개 원자(빨간색 산소)가 받개 원자(보라색 산소)에 수소를 전달하면서 받개 원자와 수소 원자 사이에 화학결합이 형성되는 것으로 이해할 수 있다.

일반적으로 쌍극자-쌍극자 상호작용이라고 하는데, 수소결합이 흥미로운 점은 이게 이야기의 끝이 아니라는 것입니다.

 수소결합은 일반적인 쌍극자-쌍극자 상호작용에 비해 훨씬 강력하고, 또한 각 원자의 위치에 따라 그 상호작용의 세기가 많이 달라지는 상호작용입니다(8장 참고). 이는 수소결합이 단순한 쌍극자-쌍극자 상호작용이 아니라, '약간의' 화학결합을 포함하고 있기 때문입니다. 그림 2-2에서는 파란색 수소 원자와 보라색 산소 원자 사이에서 수소결합이 이뤄집니다. 화살표 왼쪽 그림에서는 파란색 수소 원자와 보라색 산소 원자가 특별한 화학결합 없이 가까이 위치해 있고, 이런 상황은 앞서 설명한 쌍극자-쌍극자 상호작용으로 설명할 수 있습니다. 하지만 화살표 오른쪽 그림을 보십시오. 파란색 수소 원자가 떨어져 나와 보라색 산소 원자와 화학결합을 형성합니다. 이때 수소 원자가 전자 하나를 두고 떨어져 나오므로, 왼쪽의 OH 덩어리는 음전하를, 오른쪽의 H_3O 덩어리는 양전하를 띱니다. 이 과정은 마치 빨간색 산소가 파란색 수소를 보라색 산소에 내주는 것처럼 보입니다. 이렇게 수소 원자를 내주는 산소 원자를 수소 주개(proton donor), 수소 원자를 받는 산소 원자를 수소 받개(proton acceptor)라고 부릅니다.

편의상 두 가지 상황을 분리해서 설명했습니다만, 실제 수소결합은 이러한 두 가지 상황이 중첩돼 있는 것으로 이해해야 합니다. 즉, 두 가지 상황을 빠르게 왔다 갔다 하는 것이 아니라 수소결합 자체가 일부는 쌍극자-쌍극자 상호작용의 성격을, 일부는 화학결합의 성격을 띠고 있는 것입니다. 단, 여기서 한 가지 오해하지 않아야 할 사실은, 화살표 왼쪽과 오른쪽의 상황이 수소결합에 50:50으로 대등하게 기여하는 것이 아니라, 일반적으로 왼쪽의 상황이 훨씬 크게 기여한다는 점입니다. 그래서 수소결합을 그릴 때 그냥 두 개의 물 분자를 그리고 파란색 수소 원자와 보라색 산소 원자 사이에 상호작용이 있다고만 표시해도 큰 문제는 없습니다. 오른쪽 그림은 '약간의' 화학결합이 어디에서 기인하는지 설명하기 위한 그림일 뿐입니다. 이렇게 수소결합이 '약간의' 화학결합을 포함하고 있다는 사실은 앞서 살펴본 양자역학적 모델링을 통해서 확인해 볼 수 있을 뿐 아니라, 여러

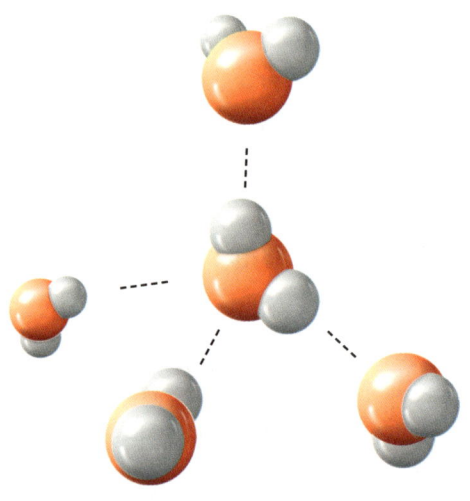

그림 2-3
가장 강한 수소결합을 이루는 물 분자의 배치. 한 물 분자를 네 개의 물 분자가 정사면체 모양으로 둘러싸고 있다.

가지 실험을 통해서도 증명된 사실입니다.

  수소결합이 최대한 강해질 수 있도록 하나의 물 분자 주위에 다른 물 분자들을 배치해 보면 그림 2-3처럼 네 개의 물 분자가 한 물 분자를 정사면체 모양으로 둘러싸고 있는 모양이 나옵니다. 물이 고체를 이루면, 즉 얼음이 되면 수소결합이 최대한 많이 만들어지는 방향으로 결정 구조를 이루죠. 우리가 아는 일반적인 얼음이 이루는 육각형 구조가 바로 각 물 분자가 네 개의 수소결합을 이룰 수 있는 구조입니다. 이 육각형 구조가 차곡차

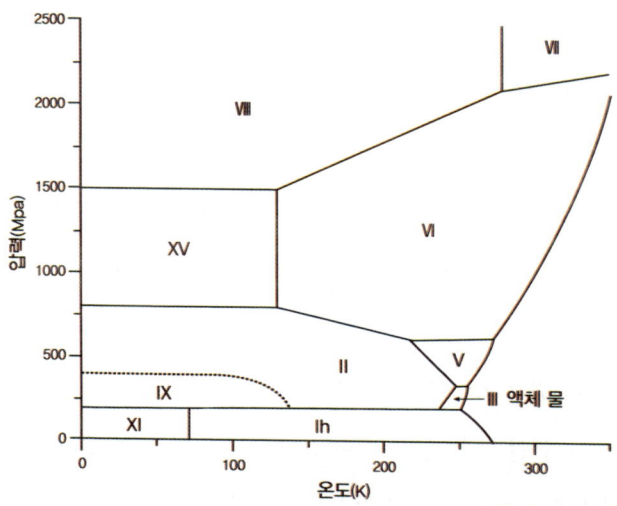

그림 2-4
온도와 압력에 따라 달라지는 얼음의 안정한 구조.

곡 쌓이면 우리가 아는 눈송이의 예쁜 모습이 만들어지죠.

그런데 여기서 생각해볼 점은, 이 구조가 상당히 공간을 많이 잡아먹는, 밀도가 낮은 구조라는 것입니다. 일반적인 대기압에서는 이러한 얼음 구조도 괜찮지만, 만약 압력이 많이 올라간다면 어떻게 될까요? 고압 조건이 되면 얼음도 더는 이런 비효율적인 구조를 버틸 수 없고 새로운 구조를 만들게 됩니다. 이렇게 만들어지는 구조에 로마 숫자로 번호를 붙여 얼음-II, 얼음-III 와 같이 부릅니다(일반적인 얼음은 얼음-Ih라고 부릅니다).

압력과 온도가 달라지면 가장 안정적인 결정 구조가 달라집니다. 그래서 화학자들은 압력과 온도를 바꿔가면서 실험을 반복해 다양한 얼음의 구조를 찾아냈습니다. 현재는 20개 정도의 결정 구조가 알려져 있으며, 온도와 압력별로 안정적인 구조가 무엇인지도 정리돼 있습니다. 그런데 일반적인 얼음(Ih)을 제외한 나머지 얼음 구조가 실제로 지구상에 존재할지는 미지수입니다. 빙하가 두껍게 쌓인다고 하더라도 얼음-II나 얼음-III 구조를 관찰하려면 22km 이상의 높이로 쌓여야 하거든요. 지구에서 가장 높은 산인 에베레스트산이 10km가 안 되는 걸 생각하면 지구상에서는 쉽지 않은 일입니다.

자, 그렇다면 분자 모델링으로 이 얼음의 성질은 잘 묘사할 수 있을까요? 우선 얼음의 다양한 구조를 찾을 수 있을지 생각해봅시다. 상상해보면 다음과 같이 해볼 수 있겠죠. 컴퓨터 안에 액체 물을 구현해놓고 온도를 서서히 낮춥니다. 이상적인 상황이라면 어는점에 해당하는 온도를 지나면서 자연스럽게 얼음이 형성될 것이고, 그렇게 형성된 얼음의 구조와 현재 주어진 압력과 온도를 정리해서 실험 결과와 비교하면 될 것입니다. 하지만 실제 모델링은 그리 간단하지 않습니다. 얼음의 안정적인 구조가 이뤄지려면 '동시에' 모든 물 분자가 네 개의 수소결합을 이뤄야 합니다. 자연은 그 구조를 쉽게 찾지만, 컴퓨터가 그 구조를 찾으려면 어마어마한 양의 계산을 수행해야 합니다. 너무 어려운 계산이라, 계산을 마친다 해도 구조를 찾을 수 있을지 미지수죠.

그래서 과학자들은 대신 이미 실험적으로 알려진 결정 구조에 물 모형을 대입해 여러 가지 성질을 계산하는 식으로 일합니다. 예를 들어 어는점을 구하고 싶다면 액체 물에서 출발해서 온도를 낮추는 대신, 고체 얼음에서 출발해서 온도를 점차 올려 나가는 것이죠. 컴퓨터 입장에서는 동시에 여러 개의 수소 결합을 이루게 하는 것은 어렵지만, 동시에 여러 개의 수소결합이 깨지게 만드는 것은 훨씬 쉽거든요.

그렇게 여러 성질을 계산해보니, 현재 사용하는 물 모형들로는 얼음의 성질을 정확히 맞히기 어렵다는 것이 밝혀졌습니다. 심지어 얼음의 밀도나 어는점과 같은 기본적인 정보조차 상당히 오차가 큽니다. 그래서 현재 얼음 모델링 분야는 정확한 수치 정보를 얻으려는 모델링보다 적당히 개념적인 이해를 얻으려는 모델링 위주로 수행하고 있습니다.

가벼운 물과 무거운 물이 따로 있다?

언젠가 어느 교수님이 "화학은 전자의 학문입니다."라고 말씀하시는 것을 들은 적이 있습니다. 화학의 상식은 전자가 분자들 사이의 여러 가지 상호작용을 매개하기 때문에 전자가 어떤 성질을 갖느냐가 분자의 성질을 결정한다는 것입니다. 뒤집어 말하면, 전자가 동일하다면 전자를 제외한 나머지 구성 요소가 조금 달라져도 분자의 성질에는 크게 영향을 주지 않는다고 할 수 있죠. 동위원소가 대표적인 예입니다.

1장에서도 소개됐습니다만, 동위원소는 전자의 수는 같지만 원자핵의 질량이 다른 원소들을 가리킵니다. 예를 들어 전자는 동일하게 한 개 있지만 원자핵의 질량수가 1, 2, 3으로 달라지는 수소, 중수소, 삼중수소가 있습니다. 질량은 서로 다르지만, 이들은 모두 전자를 하나씩 가시고 있으므로 화학적으로는 '수소'라는 원소로 행동합니다. 마찬가지로 질량수가 12, 13, 14로 다른 탄소의 동위원소들(^{12}C, ^{13}C, ^{14}C), 질량수가 16, 18로 다른 산소의 동위원소들(^{16}O, ^{18}O) 등이 잘 알려져 있습니다. 이들은 질량을 제외하고는 화학적 성질이 동일합니다.

물을 구성하는 수소와 산소를 동위원소로 치환하면 다양한 구성의 물 분자를 얻을 수 있습니다. 수소의 동위원소 중 가장 흔한 것이 ^1H이고, 산소의 동위원소 중 가장 흔한 것이 ^{16}O이므로 일반적인 물은 $^1H_2^{16}O$라고 쓸 수 있겠죠. 여기서 수소를 중수소로 치환하면 $^2H_2^{16}O$가 될 텐데, 이 물을 무거운 물이라고 해서 중수(重水)라고 부릅니다. 그리고 중수에 대비되는 일반적인 물은 가벼운 물이니 경수(輕水)라고 부르죠. 마찬가지로 일반적인 물에서 산소를 ^{18}O로 치환하면 $^{1}H_2^{18}O$를 얻을 수 있습니다. 이렇게 여러 가지 조합을 시도해볼 수 있고, 이들 모두는 질량이 조금씩 다르지만 화학적으로는 동일한 성질을 나타낸다고 생각할 수 있습니다.

그런데 과연 그럴까요? 물은 일반적인 화학적 상식을 깨뜨리는 여러 성질이 있습니다. 그중 한 가지가 ^{1}H로 만들어진 경수와 ^{2}H로 만들어진 중수가 화학적으로 동일한 성질을 나타내지 않는다(!)는 것입니다. 이를 가리켜 핵 양자 효과(nuclear quantum effect)라고 부릅니다. 예를 들어 순수한 중수는 경수보다 더 높은 온도에서 업니다. 경수가 0℃에서 어는 반면에 중수는 3.8℃ 정도에 얼죠. 이 외에도 비열, 확산 계수, 유전율, 점성도 등 측정할 수 있는 대부분의 물리량에서 경수와 중수는 꽤 큰 차이를 보입니다. 심지어 순수한 경수의 pH가 7인 반면에 중수의 pH는 7.4입니다. 이게 단순한 질량의 차이 때문이 아님은 확실합니다. $^{2}H_2^{16}O$와 유사한 질량을 가진 것이 $^{1}H_2^{18}O$인데, 이 분자는 일반적인 물과 매우 유사한 성질을 가지고 있기 때문입니다.

핵 양자 효과는 왜 나타나는 것일까요? 여기서는 물의 성질이 대부분 수소결합에서 기인한다는 점이 중요합니다. 수소결합의 중심 플레이어는 수소입니다. 그런데 수소는 가장 가벼운 원소

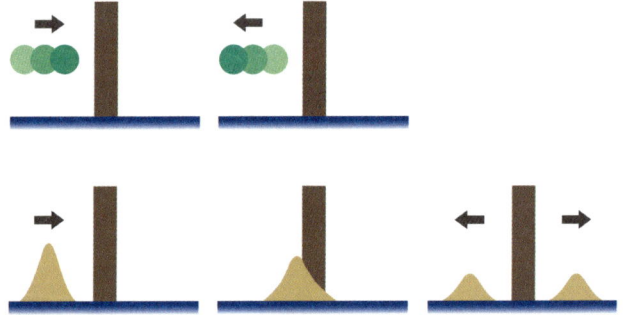

그림 2-5
고전역학과 양자역학에서 바라본 입자와 벽의 충돌. 고전역학에서는 입자가 뚫고 지나갈 수 없는 벽을 양자역학에서는 확률적으로 뚫고 지나갈 수 있다.

죠. 이 수소가 중수소로 치환되면 질량수는 1에서 2로 1만큼 증가하는데, 이는 두 배 증가하는 것으로 볼 수도 있습니다. 이는 다른 원소들의 동위원소 치환으로는 얻을 수 없는 큰 변화입니다. 산소를 예로 들어 ^{16}O에서 ^{18}O가 되는 때를 생각해보면 질량수가 16에서 18로 2만큼 증가하지만, 이는 비율로 따지면 2/16, 즉 12.5% 증가하는 수준이죠. 이처럼 큰 질량 변화는 수소 원자핵의 양자역학적인 성질을 크게 바꿔놓습니다.

효율적인 수소결합을 이루려면 주개 원자에서 받개 원자로 수소가 원활하게 전달될 수 있어야 합니다. 이 과정에서 '터널링(tunneling)'이 중요한 역할을 합니다. 터널링이란 거칠게 말하자면, 고전적인 상황에서는 뚫고 지나갈 수 없는 벽을 양자역학적인 상황에서는 뚫고 지나갈 수 있다는 것을 말합니다.

진공 속에서 바늘 두 개를 서로 가까이 가져온다고 가정해봅시다. 고전적인 상황에서는 한쪽 바늘 끝에서 다른 바늘로 입자가 전달되려면 두 바늘이 접촉하지 않고는 불가능합니다. 하지만 양자역학이 적용되는 아주 작은 시스템을 만들어서 두 바늘을 가까이 가져와 보면 고전적으로 이동이 불가능한 거리에 있어도 입자가 전달되는 것을 관찰할 수 있습니다. 이 터널링 확률은 전달되는 입자의 질량에 따라 크게 좌우됩니다. 무거운 입자는 터널링이 훨씬 어렵죠. 따라서 수소 원자핵이 두 배 무거운 중수소 원자핵으로 바뀐다면 터널링이 어려워지고, 이에 따라 수소결합의 성질도 변화한다고 생각할 수 있습니다.

따라서 경수와 중수의 차이를 설명하려면 결국 수소의 양자역학적인 성질까지 정확하게 알 필요가 있습니다. 이번 장 초반에 설명했던 양자역학 모델링 기법이 필요해지는 시점이죠. 그런데 이렇게 양자역학을 고려한 모형들을 사용할 때도 딱 하나의 정답 모형이 존재하는 것은 아닙니다. 학자마다 다양한 양자역학 모형이 있고, 또 계산을 위한 방법이 제각기 다릅니다. 그 결과 핵 양자 효과를 설명하려면 어떤 방법이 더 올바른지, 어떤 요소까지 포함해야 하는지 등을 두고 계속해서 토론이 벌어진답니다.

여기서 한 가지, 핵 양자 효과의 근원이 궁금하기보다 그저 핵 양자 효과가 적절히 반영된 분자 모델링 기법이 필요한 사람들도 있을 수 있겠죠. 목표 물질을 경수에 녹여서 실험한 결과와 중수에 녹여서 실험한 결과를 비교하는 연구자를 생각해봅시다. 이 사람은 경수와 중수의 차이가 어디에서 기인하는가보다, 본인이 연구하는 물질에 그 차이가 어떤 영향을 주는가에 더 관심이 있을 겁니다. 이런 분들에게는 비교적 단순한 분자 모델링 기법들이 도움을 줄 수 있습니다. 예를 들어 앞서 살펴봤던 공 세 개짜리 모형에서 적당히 전하량이나 분자의 구조를 조절해 중수의 성질을 제법 맞출 수 있게 한다면, 그걸로 중수가 목표 물질에 주는 영향은 어느 정도 분석해볼 수 있을 것입니다.

이렇게 분자 모델링은 답을 얻고 싶은 질문에 따라 적절한 모형을 선택하는 것이 중요합니다. "경수와 중수의 차이가 어디에서 기인하는가?"와 같이 양자역학적인 효과가 중요한 질문을 던진다면, 다소 계산이 오래 걸리더라도 그 효과가 적절히 포함돼 있는 복잡한 모형을 선택해야 할 것입니다. "경수와 중수의 차이를 반영해서 내가 관심 있는 시스템의 성질을 계산하고 싶다."와 같은 목표가 있다면, 비교적 단순한 모형을 선택해 짧은 시간 안에 많은 계산을 수행하는 쪽을 선택할 수 있겠죠.

물은 영하에서도 얼지 않고 흐를 수 있다

　물의 또 한 가지 흥미로운 성질은 '과냉각(supercooling)'과 관련돼 있습니다. 과냉각이란 어는점 미만의 온도에서도 물질이 액체로 존재하는 현상을 가리키는데요. 물의 과냉각 현상은 집에서도 간단하게 실험해볼 수 있습니다. 조그마한 페트병 생수를 구해서 조심스럽게 냉장고 냉동실에 넣어둡니다. 병이 냉각될 만큼 시간이 충분히 지나고 꺼내보면 물이 여전히 찰랑거리는 액체로 존재하는데요. 이때 병을 따거나 흔들어서 자극을 주면 순식간에 얼음으로 변하는 것을 관찰할 수 있습니다. 이는 그 조건에서 얼음으로 존재하는 것이 더 안정하기 때문입니다. 자연은 항상 더 안정한 상태를 찾아서 움직이기 마련이죠.

　과냉각 현상이 일어나는 이유는 앞서 분자 모델링으로 얼음 구조를 만들기 어렵다고 했던 이유와 연결됩니다. 얼음이 형성되려면 각 분자가 네 개의 수소결합을 정확히 만들어야 합니다. 물을 천천히 냉각하면 물 분자들이 서서히 느려지면서 각자 네 개의 수소결합을 이루는 구조를 차곡차곡 찾아나갑니다. 그런데 물을 빠르게 냉각해버리면 구조를 찾아나갈 시간이 없어 그 자리에서 멈춰버리는 것이죠. 그래서 어는점 미만의 낮은 온도임에도 액체로 존재하는 것입니다. 그리고 이 상태에서 큰 자극을

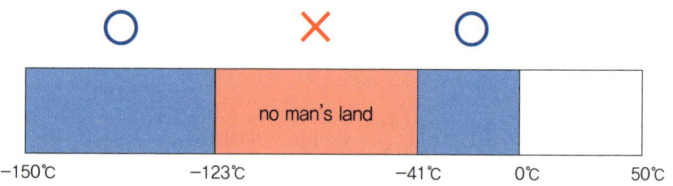

그림 2-6
과냉각이 가능한 온도 영역.

주면 그 자극에 의해 안정적인 구조를 찾아갈 수 있습니다. 즉, 액체에서 고체로 변하는 현상이 일어납니다.

과학자들은 조심스럽게 온도를 낮춰가며 과냉각 현상이 어느 온도까지 가능한지 실험해봤습니다. 물은 −41℃까지도 액체로 존재하는 것이 가능했습니다. 아무리 조심스럽게 실험해도 −41℃가 넘어가면 무조건 얼음으로 변해버렸죠. 그러면 −41℃ 이하의 온도에서는 항상 결정 구조를 갖는 얼음으로만 존재하는 걸까요? 과학자들은 레이저를 이용해 짧은 시간 안에 냉각시키는 실험 기법을 개발해 액체 물을 순식간에 아주 낮은 온도로 낮춰봤습니다. 그랬더니 흥미롭게도 −123℃ 미만의 매우 낮은 온도에서는 여전히 액체와 같은 모습이 유지되는 것을 발견했습니다. −41℃와 −123℃ 사이의 온도에서는 어떻게 해도 얼음 결정 외에는 얻을 수 없어서 이 구간을 가리켜 'no man's land', 즉 '인간이 도달할 수 없는 영역'이라고 부릅니다.

-123℃ 미만의 상태는 액체라고 보기에는 거의 움직임이 없으므로, 액체라고 부르는 대신 '비정질 얼음(amorphous ice)'이라고 부릅니다. 얼음은 얼음인데, 결정 구조를 갖지 않는 얼음이라는 뜻이죠. 이 상태에서 물 분자들은 네 개의 수소결합을 완벽하게 하지 못하고 액체 상태처럼 그저 얼기설기 모여있습니다. 비정질 얼음 역시 자극을 주면 얼음 결정으로 변해버리므로 과냉각 상태라고 할 수 있습니다.

흥미롭게도 비정질 얼음에는 두 가지 상태가 존재합니다. 이를 가리켜 저밀도 비정질 얼음(low-density amorphous ice)과 고밀도 비정질 얼음(high-density amorphous ice)이라 부릅니다. 비정질 얼음은 특별한 결정 구조가 없음에도 높은 밀도와 낮은 밀도, 두 가지 서로 다른 밀도로 존재하는 것이죠. 일반적인 얼음에서와 마찬가지로 저밀도 비정질 얼음은 물 분자 사이사이에 공간이 제법 많은 편이고, 고밀도 비정질 얼음은 공간이 많지 않습니다. 그래서 압력이 높아지면 고밀도 비정질 얼음이, 압력이 낮아지면 저밀도 비정질 얼음이 안정해집니다.

여기서 재미있는 상상을 해볼 수 있습니다. 비정질 얼음은 구조적으로 액체와 크게 다르지 않은 상태라고 했습니다. 다만 온도가 훨씬 낮아서 분자들의 움직임이 거의 없을 뿐이죠. 그런데 이 비정질 얼음이 두 가지 상태로 존재할 수 있다면, 일반적인 물도 두 가지 상태로 존재할 수 있는 것 아닐까요? 실제로는 고밀도 물과 저밀도 물이 있는 겁니다. 다만 우리가 일반적으로 관찰하는 상황에서는 두 가지 상태가 너무 잘 섞여있어 따로 구분해서 측정하는 것이 불가능한 거죠. 이상한 소리처럼 들릴 수 있겠지만 실제로 1990년대에 이런 이론이 등장했고, 물의 여러 가지 성질을 잘 설명하는 이론으로 큰 관심을 받았습니다.

그러면 이 이론이 맞는지 확인해봐야겠죠. 실험으로 바로 확인할 수 있다면 좋겠지만, 말씀드린 것처럼 일반적인 조건에서는 두 가지 상태를 구분해 측정하는 것이 불가능합니다. 그렇다면 분자 모델링이 이에 대해 답을 줄 수 있지 않을까요? 분자 모델링 분야의 전문가였던 여러 연구팀이 이 문제에 뛰어들었습니다. 2011년, 캘리포니아대학교 버클리 캠퍼스 연구팀과 프린스턴대학교 연구팀이 분자 모델링을 활용해 이 문제에 대한 답을 각자 도출했습니다. 놀랍게도 버클리 팀은 물은 항상 한 가지 상태로 존재한다는 답을 얻었고, 프린스턴 팀은 두 가지 상태가 섞여서 존재한다는 답을 얻었습니다. 이들은 학회에서 만나 이 결과를 공유하고 깜짝 놀랐습니다.

어쩌면 여러분은 두 연구팀이 다른 물 모형을 사용한 것이 아닌가 의심스러울지 모릅니다. 하지만 두 연구팀 모두 ST2라는 동일한 물 모형을 사용했습니다. 그렇다면 한쪽이 계산 과정에서 뭔가 실수를 한 것은 아닐까요? 모델링 프로그램에 뭔가 버그가 있었던 것은 아닐까요? 두 연구팀은 이메일을 끊임없이 교환하면서 검증 작업에 들어갔습니다. 검증 작업은 점점 길어졌고, 어디에서도 결정적인 실수는 발견되지 않았습니다. 결국 프린스턴 팀은 자신들의 결론만을 담은 논문을 2012년 학계에 발표합니다. 버클리 팀은 화가 났죠. 버클리 팀은 프린스턴 팀이 뭔가 실수를 해놓고 그걸 감춘 채 논문을 발표했다고 비난했습니다. 프린스턴 팀은 그 비난에 맞서 새로운 프로그래머까지 고용해 자신들의 모델링 프로그램을 전부 다 뜯어봤죠.

2013년, 두 팀은 또 다른 학회에서 만났습니다. 프린스턴 팀이 연구 내용을 발표했고, 발표가 끝나자마자 버클리 팀의 리더 교수가 벌컥 화를 냈습니다. 학회장에서 고성이 오갈 정도로 격렬한 논쟁이 벌어졌습니다. 프린스턴 팀은 그동안 최선을 다해 자신들의 프로그램을 검증했고, 이제 충분히 자신이 있었습니다. 그래서 이제는 버클리 팀이 검증에 임할 차례라고 주장했습니다. 그들은 버클리 팀에게 프로그램을 제공해주면 검증해보겠다고 제안했습니다.

문제는 당시 버클리 팀에 인력이 부족했다는 것입니다. 리더 교수 외에 이 프로젝트에 할당된 사람은 고작 대학원생 한 명이었습니다. 프로그램은 그냥 원본 소스를 전달해준다고 바로 이해할 수 있는 것이 아닙니다. 특히 분자 모델링을 하는 사람들은 프로그램을 누덕누덕 땜질하며 사용하곤 해서, 프로그램을 만든 사람이 아니라면 해독하기 매우 어려운 때가 많죠. 그래서 보통 다른 사람에게 프로그램을 전달해줄 때는 내용을 이해하기 쉽게 정리하고, 필요하다면 설명도 여기저기 달아서 보내줍니다. 버클리 팀에는 이 작업을 할 사람이 없었습니다.

버클리 팀은 답장을 차일피일 미뤘고, 프린스턴 팀은 그들을 끊임없이 독촉했습니다. 프린스턴 팀이 버클리 팀의 프로그램을 손에 넣은 것은 2016년이 돼서야였습니다. 그들은 몇 달간의 분석을 통해 버클리 팀의 오류를 발견했습니다. 몇 달이나 걸린 걸 보면 알 수 있듯이, 오류는 쉽게 찾을 수 있는 단순한 것이 아니었습니다. 버클리 팀은 분자 모델링을 좀 더 효율적으로 하려고 일부 코드를 추가해 뒀는데, 이 코드의 부작용으로 분자 시스템의 온도가 매우 높아지는 현상이 있었던 겁니다. 결국 버클리 팀의 모델링 결과는 원하는 온도에서 진행된 것이 아니라 매우 높은 온도에서 진행된 것이었습니다.

그러면 프린스턴 팀의 결론이 맞는 걸까요? 즉, 일반적인 물도 고밀도 물과 저밀도 물로 존재한다는 가설이 증명된 것일까요? 아닙니다. 엄밀히 말해, 우리가 알 수 있는 것은 버클리 팀의 결론이 프로그램 오류에서 기인했다는 사실뿐입니다. 프린스턴 팀의 결론은 물에 대한 한 가지 가능성 있는 설명일 뿐인 거죠. 프린스턴 팀 역시 단순한 물 모형을 사용했고 양자 효과 등은 고려하지 않았습니다. 따라서 실제 자연에 있는 물 분자를 그대로 흉내 냈다고 보기에는 무리가 있죠.

결국 "일반적인 물은 두 가지 상태의 물이 섞여있는 상태다."라는 이론을 검증하려면, 이 이론에서만 성립하는 어떤 예측이 있어야 하고 그 예측이 실험으로 확인돼야 할 것입니다. 물론 이는 매우 어려운 일이고, 국내외의 훌륭한 과학자들이 지금도 이 문제를 풀려고 골몰하고 있습니다.

마지막으로, 이 이야기에는 드라마틱한 에필로그가 있습니다. 프린스턴 팀이 버클리 팀의 프로그램을 샅샅이 분석해 밝혀낸 오류가 2017년 논문으로 정리돼 발표됐을 때, 이 소식을 듣고 분개할 사람은 세상에 더는 남아있지 않았습니다. 버클리 팀의 리더 교수는 이 논문이 나오기 몇 달 전 전립샘암으로 세상을 떠났기 때문입니다.

3.

조화와 공존의 매개체, 물

이지연 (성신여자대학교 바이오신약의과학부 교수)

H ———————— O ———————— H

 물은 화학반응의 무대이자 배우이자, 때로는 관객 역할까지 겸하는 독특한 존재입니다. 인류 역사에서 가장 오래된 화학 실험실은 다름 아닌 강과 바다였고, 그곳에서 생명이라는 거대한 '유기화학 프로젝트'가 시작됐습니다. 그런데 현대의 유기화학 실험실에서 물은 종종 반갑지 않은 손님 취급을 받습니다. 습도가 높으면 반응 수율이 떨어지기도 하고, 어떤 시약은 공기 중 수증기에 노출되는 것만으로도 버려야 하며, 대부분의 유기화합물은 물에 잘 녹지도 않습니다. 이런 이유로 물과 유기화학은 물과 기름처럼 서로 어울리지 않는 조합으로 보입니다.
 그러나 여기에는 흥미로운 반전이 있습니다. 유기화학의 '유기(有機)'라는 말은 탄소화합물과 관련된 화학 분야를 지칭하는

'organic chemistry'에서 유래한 것으로, 주기율표의 119개 원소 중 탄소만이 가장 다양한 원소와 안정한 결합을 형성해 무수히 많은 화합물을 만들 수 있고, 그 결과로 생명체(organism)의 주요 성분이 될 수 있었기 때문에 붙은 이름입니다. 지구상의 모든 생명체는 세포라는 '물주머니' 속에서 살아가며, 그 내부에서는 수많은 탄소화합물이 물과 끊임없이 상호작용을 합니다. 실험실에서는 멀게만 느껴지지만, 생명의 역사에서 물과 유기화학은 떼려야 뗄 수 없는 필연적 동반자였던 셈입니다.

이번 장에서는, 때로는 방해꾼이면서도 결국 없어서는 안 될 조력자인 물이 어떻게 유기화학과 손을 맞잡는지 살펴봅니다. 그리고 그 시작은, 물과 기름이 만나 보여주는 단순하지만 깊이 있는 이야기에서 출발합니다.

디카페인 커피에는 정말 카페인이 없을까

"물과 기름은 섞이지 않는다."라는 말은 화학을 공부하지 않아도 누구나 아는 상식입니다. 손이나 옷에 기름때가 묻었을 때 아무리 물로 씻어도 잘 지워지지 않는 것도 바로 물과 기름이 서로 섞이지 않기 때문입니다. 사실 물과 기름뿐만 아니라, 세상의 모든 분자는 물에 잘 녹는 것과 기름에 잘 녹는 것으로 구분할 수 있습니다. 화학에서는 이를 각각 친수성(hydrophilic)과 소수성(hydrophobic) 성질이라고 부릅니다. 예를 들어 샐러드드레싱을 오래 두면 맑은 물층과 노란 기름층이 분리되는 모습을 볼 수 있습니다. 기름 성분은 물과 어울리지 않아 기름층에, 소금이나 설탕은 물층에 머무릅니다.

우리가 먹는 약은 대부분 화학 구조상 유기화합물이지만, 혈액에 잘 녹아 온몸으로 전달되도록 친수성을 갖도록 설계됩니다. 반대로 물에 잘 녹지 않는 약은 기름이나 인체에 무해한 소수성 용매에 녹여 근육주사로 투여하고, 지방조직을 통해 서서히 흡수됩니다. 이렇게 어떤 물질이 물에 더 잘 녹는지, 기름에 더 잘 녹는지를 예측하는 것은 약물 개발에 매우 중요합니다. 이를 수치로 나타낸 것이 바로 분배 계수(Partition coefficient, P)입니다.

$$분배계수(P) = \frac{[기름(옥탄올)에\ 녹아있는\ 물질의\ 농도]}{[물에\ 녹아있는\ 물질의\ 농도]}$$

위 식에서 보듯이, 분자는 기름에 녹아있는 양이고 분모는 물에 녹아있는 양이니, 분배 계수가 1보다 큰 물질은 소수성 물질이고, 1보다 작은 물질은 친수성 물질이라고 이야기할 수 있습니다. 먹는 약을 개발할 때는 이 약이 위장관 벽을 통해서 흡수가 잘될 것인가를 분배 계수의 로그값, 즉 logP라는 수치로 예측할 수 있습니다. 앞서 이야기한 대로 먹는 약 대부분은 유기화합물이라 소수성 물질로 분류됩니다. 그러나 소수성이 지나치면 오히려 흡수에 방해가 되므로 대략 logP 값이 5를 넘지 않도록 구조를 설계합니다. 여기에 대해서는 뒤에서 조금 더 자세히 이야기하겠습니다.

여기서 한 가지 의문이 생길 수 있습니다. 분배 계수가 10인 물질은 물에 전혀 녹지 않을까요? 앞서 이야기한 것처럼 대부분의 먹는 약은 분배 계수가 1,000~100,000에 달하는데 그렇다면 먹는 약은 물에 녹지 않는 게 아닐까요? 분배 계수가 10이면 분자가 10, 분모가 1이므로 물보다 기름에 열 배 더 잘 녹을 것이라고 예측할 수 있습니다. 그러나 10분의 1만큼은 여전히 물에 녹아있는 상태임을 잊으면 안 됩니다. 마찬가지로 어떤 물질의 분배 계수가 1,000 혹은 10,000이라 하더라도 분모는 1이기 때문에 아주 소량이나마 물에 녹아있다는 의미입니다. 이 세상에 존재하는 모든 유기 화합물은 기름과 잘 섞일 수 있는 탄화수소 구조로 돼있지만 기름에만 녹는 것이 아니라 물에도 녹을 수 있고, 분자구조를 바꿔주면 오히려 물에 더 잘 녹게 만들 수도 있습니다.

화합물을 정제하는 방법 중에 분배 계수의 차이를 이용하는 '추출(extraction)'이라는 기술이 있습니다. 예를 들어 분배 계수가 9인 물질이 1g 있다면 첫 번째 추출 후에는 기름에 0.9g, 물에 0.1g이 남아있게 됩니다. 물에 남아있는 0.1g을 마저 제거하고자 한다면 다시 한번 새로운 용매로 추출 과정을 수행하는데, 이때 두 번째로 추출하면 이제 기름층에 0.09g, 물에는 0.01g이 남아있겠지요? 이렇게 추출 과정을 반복하면 추출에 사용한 두 용매 중 한쪽에만 물질이 모이고 다른 한쪽에는 최소량만 남습니다. 우리 주변에서 이 추출 기술을 활용한 예를 찾아볼 수 있을까요?

보통 유기화학 실험실에서 추출은 '분별 깔때기'를 활용합니다. 이름은 깔때기지만 우리가 아는 깔때기와는 모양이 너무 다릅니다. 커피 전문점에서 한 번쯤 봤을 법한 더치커피 추출용 유리 기구와 비슷하게 생겼습니다. 재미있는 건 커피 속 카페인을 제거하는 과정에서도 분배 계수의 원리가 적용된다는 것이에요.

커피에 들어있는 카페인은 각성 효과가 있어서 아침에 상쾌하게 마시기 좋지만, 저녁 늦게 마시면 잠자기가 힘들어집니다. 그럼에도 커피를 마시고 싶을 때 디카페인(decaffeinated) 커피를 찾

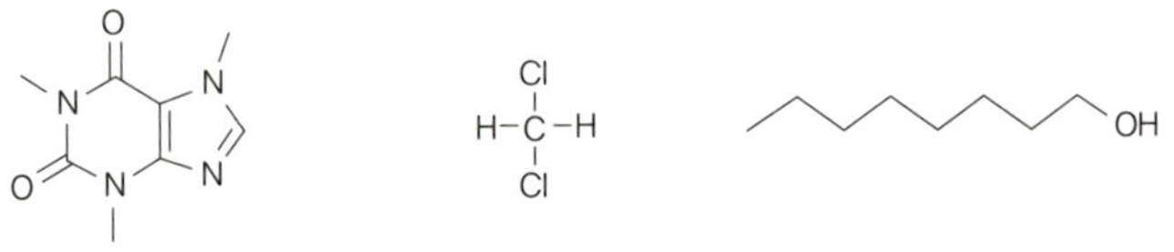

그림 3-1

카페인과 다이클로로메테인, 옥탄올의 분자구조. 카페인은 다이클로로메테인에 잘 녹는 것으로 알려져 있는데, 분배 계수로 비교해보면 옥탄올보다 열 배, 물보다 8.4배 더 잘 녹는다.

는 사람들이 있습니다. 바로 이 디카페인 커피가 추출 기술을 사용해 카페인을 제거한 커피입니다. 카페인은 그림 3-1과 같은 구조이고, 카페인의 분배 계수는 0.85로 비교적 물에 잘 녹는 것으로 알려져 있습니다. 다만 옥탄올 대신 카페인을 더 잘 녹일 수 있는 유기용매(소수성)를 사용하면 분배 계수 값이 많이 증가할 수 있습니다. 예를 들어 대표적인 유기용매 중 하나인 다이클로로메테인(dichloromethane)에서의 카페인의 분배 계수는 8.4 정도로 옥탄올과 비교했을 때 크게 상승하는 것을 알 수 있습니다.

과거에는 다이클로로메테인이나 에틸 아세테이트와 같은 유기용매를 활용한 추출법을 디카페인 커피 공정에서 많이 활용했다고 알려져 있습니다. 그러나 대량의 유기용매를 공정에 활용하면 환경이나 인체에 좋지 않은 영향을 주기 때문에, 최근에는 초임계 상태의 이산화 탄소를 활용한 추출법을 이용한다고 합니다.

여기서 여러분이 한 가지 기억해야 할 것이 있습니다. 초임계 이산화 탄소건 유기용매건 추출을 활용하더라도 소량의 카페인은 커피에 남아있을 수밖에 없다는 점입니다. 과연 어느 정도나 남아있을까요? 물론 추출 횟수를 반복할수록 카페인의 양은 줄어들지만 디카페인 커피의 기준이 카페인 0이 될 수는 없을 겁니다. 유럽에서는 99% 이상, 미국에서는 97% 이상 제거해야 디카페인으로 표기할 수 있다는 기준이 있고, 우리나라에서는 2021년부터 카페인을 90% 이상 제거한 제품을 디카페인으로 표기할 수 있다고 합니다.

앞에서는 물과 기름이 잘 섞이지 않는다고 이야기했습니다만, 유기화합물의 정제 방법 중에는 물과 기름이 섞여 나오는 현상을 활용한 것도 있습니다. 바로 수증기 증류법(steam distillation)이라는 기술입니다. 이 기술은 아주 오래전인 10세기경 아랍에서 개발된 기술로 보통은 식료품이나 향료와 같이 직접 열을 가하면 손상되기 쉬운 물질을 낮은 온도에서 안정하게 분리하는 방법입니다.

수증기 증류법은 비교적 단순한데, 그림 3-2와 같은 증류장치

그림 3-2
수증기 증류법을 활용해 오렌지 껍질에서 리모넨(limonene) 추출하기.

를 활용해 정제하고자 하는 물질을 포함하는 시료(보통은 식물의 줄기나 꽃, 잎, 열매 등)에 수증기를 뿜어주거나 물에 담가 가열을 해줍니다. 그러면 수증기가 증발하면서 휘발성 물질도 함께 섞여 증발됩니다. 극성 차이가 크더라도 기체분자끼리는 쉽게 섞이는 성질 때문입니다. 증발된 수증기를 식혀주면 시료에 있던 휘발성 물질(소수성)과 물이 섞이지 않고 층 분리가 되기 때문에, 여기서 분별 깔대기를 사용하면 쉽게 분리할 수 있습니다.

이와 같은 수증기 증류법은 식품에 쓰이는 천연향료나 화장품에 쓰이는 다양한 식물 추출물, 향수 등을 제조하는 데 활용이 돼왔습니다. 여기서 다시 한번 커피 이야기를 꺼내면, 커피를 만드는 다양한 방법 중에도 이 수증기 증류법을 활용한 추출법이 있습니다. 바라보는 것만으로도 재미를 주는 커피 사이폰을 통한 추출법과 이탈리아에서 많이 쓰는 모카 포트를 활용한 추출법이 여기에 해당합니다. 요즘은 많은 분이 캡슐 커피나 드립 커피를 드시지만, 가끔 사이폰 커피나 모카 포트로 만든 커피를 한 잔씩 해보시면서 수증기 증류법만의 특별한 향을 찾아보는 것도 시도해볼 만하지 않을까요?

수증기 증류법을 통해 물과 기름, 물과 유기화합물이 증기 형태일 때 어느 정도 잘 섞일 수 있음을 살펴봤습니다. 그런데 증기 형태가 아니더라도 물과 기름이 온전히 섞일 수 있을까요? 물과 기름, 친수성 물질과 소수성 물질이 서로 잘 섞일 수 있도록 도와주는 물질을 우리는 계면활성제라고 부릅니다. 계면활성제는 한 분자 내에 친수성을 띠는 구조와 소수성을 띠는 구조를 모두 가지고 있으므로 친수성 물질과 소수성 물질 둘 다와 잘 섞입니다. 결과적으로 계면활성제는 물과 기름, 친수성 물질과 소수성 물질이 서로 섞일 수 있도록 하는 작용을 합니다.

우리가 쓰는 세제가 바로 이 계면활성제로 이뤄져 있습니다. 계면활성제가 식기에 묻은 기름기 많은 음식물 찌꺼기나, 옷에 묻은 기름기를 잡아 물에 잘 녹도록 도와주므로 깨끗하게 세척할 수 있지요. 모든 계면활성제가 그런 것은 아니지만, 비누나

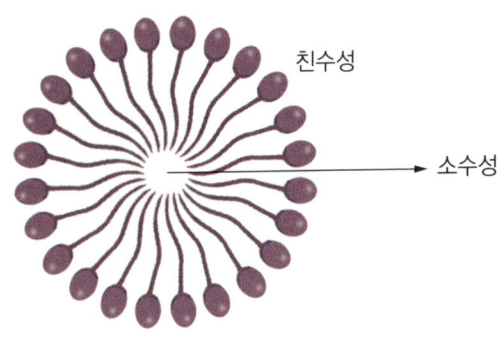

그림 3-3
마이셀의 일반적인 구조.

세제와 같은 계면활성제는 공과 같은 구조를 만듭니다. 내부에는 소수성 물질을 담고 외부에서는 물과 상호작용 할 수 있는 형태를 띠는데, 이와 같은 구조를 마이셀(micelle)이라고 부릅니다.

이 마이셀은 세제 외에도 굉장히 다양한 분야에서 활용할 수 있는데요. 특히 물에 잘 녹지 않거나 항암제와 같이 독성이 강한 약물을 체내에 투여하고자 할 때 마이셀을 활용하면 독성에 의한 부작용을 줄이고 약물의 용해도를 증가시킴으로써 약의 흡수율을 높여줄 수 있습니다. 이렇게 약이 우리 몸에 흡수되기 위한 중요한 전제 조건 중 하나가 물에 녹아야 한다는 것입니다. 그런데 무조건 물에 잘 녹기만 하면 흡수가 잘 될까요?

약은 물과 함께 드세요!

 감기에 걸렸을 때 알약을 물과 함께 삼켜본 경험은 누구에게나 있을 것입니다. 어린 시절에는 "물을 많이 마시지 않으면 약이 목에 걸릴 수 있어요."라는 설명을 들으며 물과 함께 약을 복용하곤 했지만, 물은 단순히 목 넘김을 도와주는 역할만 하는 것이 아닙니다. 사실 물은 약물 분자와의 상호작용을 통해 몸속에서 치료 효과를 발휘하도록 돕는 매우 중요한 존재입니다.

 우리 몸은 대부분 수분으로 이뤄져 있으며, 혈액이나 세포 내외의 체액, 소화기관 등 거의 모든 환경이 물을 기반으로 합니다. 약물은 위나 장에서 흡수돼 혈액을 따라 전신으로 전달돼야 효과를 낼 수 있는데, 이를 위해서는 약물이 일정 수준 이상 물에 잘 녹는 성질을 가져야 합니다. 즉, 약물은 체내에 흡수되려면 적절한 친수성, 즉 수용성을 갖추고 있어야 합니다.

 그런데 물에 너무 잘 녹기만 하는 물질은 또 다른 문제를 일으킬 수 있습니다. 약이 흡수돼야 하는 위장관 벽이나, 약효를 내려면 도달해야 하는 세포막은 지질 이중층으로 이뤄져 있어, 지나치게 친수성이 강한 분자는 막을 통과하기 어렵습니다. 반대로 기름에만 잘 녹는 약물은 위장관 벽의 지질층에 갇혀 혈관으로 흡수되지 않거나, 겨우 흡수되더라도 혈액과 같은 수용성 환경에서는 잘 녹지 않고 응집체를 형성하거나 혈장 단백질에 단단히 결합해서 제대로 운반되지 못합니다. 이처럼 '너무 잘 녹아도, 너무 녹지 않아도' 문제인 셈입니다.

그러므로 약물 분자는 일반적으로 소수성과 친수성을 동시에 갖는 분자구조로 설계됩니다. 이러한 구조적 조화를 통해 물과의 상호작용을 조절하면서도, 지질성 환경인 세포막도 통과하도록 하는 것이 약물 설계의 핵심 전략 중 하나입니다. 먹는 약의 분자구조 설계를 위한 가이드라인인 리핀스키의 5 규칙(Lipinski's Rule of five)에 따르면, 분배 계수의 로그값인 logP가 다섯 개 이하일 것, 분자량이 500을 넘지 않을 것, 수소결합 주개가 다섯 개 이하일 것, 수소결합 받개의 개수가 열 개를 넘지 않을 것을 제시합니다. 우리가 잘 아는 타이레놀과 같은 먹는 약은 대부분 이 리핀스키의 규칙을 충실히 따르고 있습니다.

앞서 분배 계수에서 이미 살펴봤기 때문에 logP 값은 소수성-친수성 균형을 판단하는 중요한 지표가 된다는 건 알겠는데, 그렇다면 분자량이나 수소결합 개수는 왜 등장하는 것일까요? 사실 이 나머지 규칙들도 소수성-친수성 균형과 매우 밀접하게 연관돼 있습니다. 수소결합은 여러 가지 화학결합 중에 비교적 극성이 큰 결합에 해당합니다. 그럴 뿐만 아니라 분자에 수소결합을 할 기능단(-OH, -NH 등)이 많아질수록 수소결합을 특히 잘

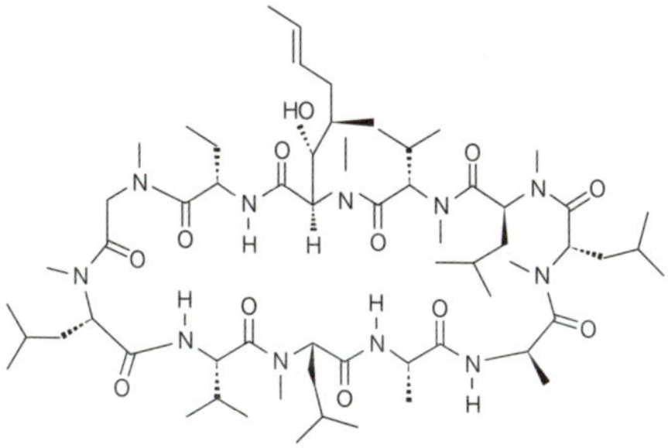

사이클로스포린 A
(분자량 1202)

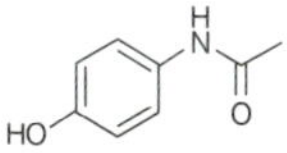

타이레놀
(분자량 151)

> **그림 3-4**
> 사이클로스포린 A와 타이레놀의 분자구조. 약의 생체 내 흡수율을 결정짓는 것은 소수성과 친수성의 균형을 통해 약물 분자가 물과 얼마나 적당히 상호작용을 하느냐에 달려 있다.

하는 물 분자와 쉽게 결합할 수 있습니다. 분자량에 대한 규칙은 경험적으로 발견된 규칙인데, 일반적으로 분자량이 커질수록 기능단의 종류가 다양해지고 수소결합 개수도 증가하므로 소수성-친수성 균형이 깨지기 쉬워집니다.

사실 이 리핀스키의 규칙은 예외도 많아서 먹는 약 중에는 종종 분자량 500이 넘지만 흡수가 꽤 잘되는 약도 있습니다. 그 대표적인 약이 면역억제제로 쓰이는 사이클로스포린 A(cyclosporin A)인데 분자량이 1,200을 넘고 수소결합 개수의 합도 총 17개로 리핀스키의 규칙에서 크게 어긋나는 구조입니다. 최근 들어 전

세계적으로 선풍적인 인기를 끄는 비만 치료제인 위고비의 먹는 약 버전인 리벨서스(성분명 세마글루타이드semaglutide)는 분자량이 4,113g/mol에 달하지만, 알약으로 복용하는 제형으로 개발됐습니다.

결국 약이 제 효과를 발휘하려면 그 분자의 구조가 표적 단백질과 정확히 결합하도록 설계됐는지도 중요하지만, 그 구조가 물과 얼마나 잘 어울리는지를 함께 고려해야 합니다. 약은 단순히 작용기 여러 개를 조합한 분자가 아니라, 물이라는 환경에서 작동하려고 정교하게 설계된 결과물입니다. 여기서 물은 단순한 배경이 아니라 약의 구조와 성질이 발현되는 전제 조건이자, 분자 간 상호작용을 극대화할 수 있는 화학적 환경 그 자체입니다. 다음에 여러분이 약을 먹을 때는 약과 함께 넘기는 물 한 모금 속에서 일어나는 분자 간 상호작용을 생생히 느끼기를 기대해봅니다.

염료는 물을 만나 색깔을 남긴다

지금까지 본 유기화합물은 주로 기름이나 유기용매에 잘 녹는 소수성을 띠지만, 사실 유기화합물 중에는 물에 잘 녹는 친수성을 지닌 것도 꽤 많이 있습니다. 극성이 큰 알코올(-OH), 카복실산(-COOH), 설폰산(-SO$_3$H), 아민(-NH$_2$)과 같은 기능단을 가진 물질이 주로 포함됩니다. 물을 좋아하는 대표적인 유기화합물에는 어떤 것이 있을까요?

외국 요리에 쓰는 사프란(saffron)이라는 고급 향신료가 있습니다. 식료품점에서 구입하면 마치 말린 홍고추를 가늘게 썰어놓은 것 같은 모양인데, 요리에 아주 소량만 써도 선명한 노란색을 낼 뿐만 아니라 특이한 향을 더해줍니다. 사프란의 색과 향의 주원인이 되는 물질은 크게 네 가지로 크로신·크로세틴·피크로크로신·사프라날인데, 특히 크로신은 우리나라에서 많이 재배되는 치자에서도 쉽게 추출할 수 있습니다.

크로신의 화학구조는 매우 복잡해 보이지만, 그림 3-5처럼 알코올기가 여러 개인 당으로 이뤄진 친수성 부분과 탄화수소 사슬 구조로 돼있는 소수성 부분이 한 분자 내에 존재하고 분배 계수도 10^{-5} 정도로 유기용매보다 물에 더 잘 녹는 물질입니다. 이렇게 분자 내에 친수성 구조가 차지하는 비중이 커질수록 유기용매보다는 물에 더 잘 녹습니다.

치자는 선명한 노란색이어서 천연 염색에 널리 활용되기도 하는데, 여기서 한 가지 의문이 생길 수 있습니다. 치자에서 추출된 물질인 크로신이 물에 잘 녹는다면 옷감에 염색했을 때 물에

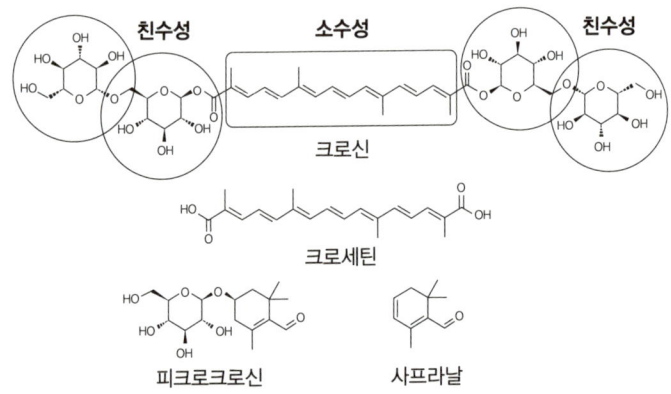

그림 3-5
사프란에 들어있는 대표적인 물질의 화학구조.

쉽게 씻겨나가지 않을까 하는 점입니다. 그래서 천연 염색뿐만 아니라 모든 염색 과정에서는 염료가 물에 씻겨나가지 않도록 도와주는 매염제(mordant)라는 물질을 씁니다.

그렇다면 이 매염제는 어떤 원리로 염료가 물에 씻겨나가지 않도록 도와주는 걸까요? 우리가 입는 옷은 섬유로 되어있습니다. 섬유는 탄소·산소·질소 등을 포함한 유기 고분자인데, 이 안에는 다른 물질과 결합할 수 있는 자리(-OH, -COOH, -NH$_2$ 같은 기능기)가 있습니다. 염료가 이 자리에 단단히 붙으려면, 원자들 사이에 강한 결합이 만들어져야 합니다.

이때 생길 수 있는 결합에는 공유결합과 배위결합이 있습니

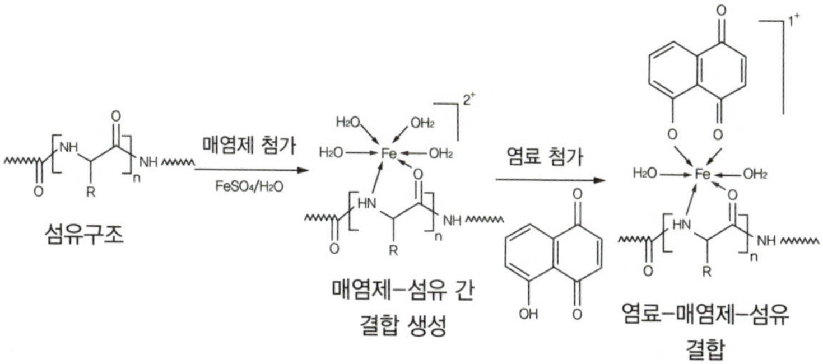

그림 3-6
매염제를 활용한 염색 원리.

다. 공유결합은 두 원자가 각각 전자를 내어 전자쌍을 함께 가지는 결합이고, 배위결합은 한쪽 원자가 전자쌍을 모두 내어주고 다른 쪽이 받아서 만들어지는 공유결합의 한 형태입니다. 염색에서 쓰이는 매염제는 이런 배위결합을 이용합니다. 매염제 속의 금속 이온(예, Fe^{3+}, Al^{3+})은 전자를 받을 수 있어, 섬유와 염료 양쪽에 배위결합을 만들어줍니다. 이렇게 해서 섬유-매염제-염료가 서로 연결된 구조가 생기는데, 이를 배위화합물(coordination compound)이라 합니다. 이 배위화합물은 매우 안정해서, 세탁을 해도 염료가 쉽게 빠지지 않습니다.

 이렇게 단단히 염색이 잘 된 천을 탈색하려면 어떻게 해야 할까요? 다들 '락스를 쓰면 되지!'라고 생각하실 텐데요. 기왕 염

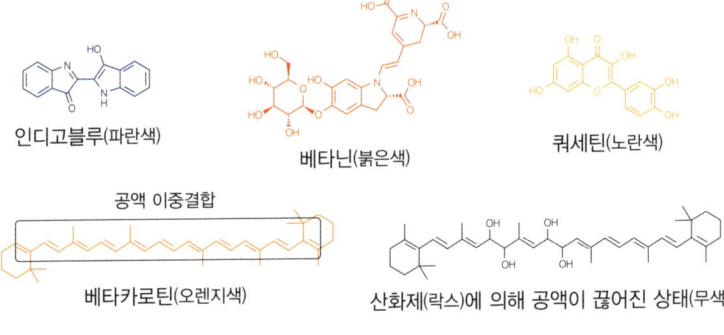

그림 3-7
자연에서 발견되는 대표적인 색소 물질과 공액 이중결합 구조.

색 이야기가 나왔으니, 락스도 잠깐 이야기해보겠습니다. 그림 3-7은 천연물에서 발견되는 대표적인 색소들의 화학구조를 나타냅니다. 어떤 공통점을 발견하셨나요? 두 줄로 표시된 이중결합이 아주 많다, 그것도 결합 하나 건너 하나씩 계속 이중결합이 돼있는 것 같은 양상을 띤다는 특징이 있습니다. '이중결합이 결합 하나 건너 하나씩 계속 연결돼 있는' 상태를 유기화학에서는 공액 이중결합(conjugated double bond)이라고 표현하고, 이 공액 이중결합이 길어질수록 색깔이 선명해진다고 할 수 있습니다(좀 더 정확히 표현하면 가시광선 스펙트럼 상에서 보라색-남색-파란색-초록색-노란색-주황색-빨간색 쪽으로 색깔이 변합니다).

그렇다면 락스는 어떤 원리로 이 염료들을 탈색시킬까요? 락스는 약 5%의 차아염소산 나트륨(NaOCl) 수용액으로 이뤄져 있습니다. 이 차아염소산 나트륨이라는 물질은 약염기성의 산화제입니다. 산화제는 공액 이중결합처럼 전자가 비교적 풍부한 기능단과 반응함으로써 산소 원자를 분자 내로 도입합니다. 이 과정에서 공액(conjugation)이 끊어지고 산화된 물질은 가시광선 영역보다 훨씬 짧은 파장인 자외선 영역의 빛을 흡수함으로써 색깔이 사라집니다. 그러니까, 락스를 쓰더라도 실제로 얼룩이나 염료가 지워진 게 아니라 그저 우리 눈에 보이지 않는 물질로 바뀌기만 했을 뿐 그 자리에 그대로 남아있다는 이야기입니다.

그러면 물이 유기화합물의 용매가 아닌 실제 반응물로서 작용하는 때도 있을까요? 물이 단순히 화학반응의 무대가 아닌 주연배우가 되는 때도 있습니다. 물이 직접 반응물로 참여하는 대표적인 화학반응 중 하나가 바로 가수분해(hydrolysis)입니다. '가수(加水)'는 말 그대로 '물을 더한다'는 뜻이고, '분해'는 '쪼갠다'는 의미이므로, 가수분해란 물 분자가 작용해 어떤 결합이 끊어지는 반응을 말합니다. 가수분해는 생물학과 약학, 식품, 환경 등 다양한 분야에서 핵심적인 역할을 합니다.

예를 들어 음식물이 소화되는 과정은 대부분 가수분해 반응의 연속입니다. 우리가 섭취하는 탄수화물이나 단백질, 지방은 모두 고분자 형태의 유기화합물인데, 이들은 체내에서 효소와 물의 작용으로 잘게 분해돼 흡수되는 형태로 전환됩니다. 대표적으로 녹말(다당류)은 아밀레이스(amylase)라는 효소의 도움을 받아 포도당(단당류)으로 분해됩니다. 이때 중요한 것은 아밀레이스만으로는 분해가 일어나지 않으며, 반드시 물이 함께 있어야 결합이 끊어지고 새로운 작용기가 도입된다는 점입니다.

 단백질 역시 펩타이드 결합이 물에 의해 가수분해되며, 이는 소화효소인 펩신(pepsin)이나 트립신(trypsin)의 작용하에서 이뤄집니다. 지방은 리페이스(lipase)에 의해 지방산과 글리세롤로 가수분해됩니다. 세제의 작용 원리에서도 가수분해 반응이 일어납니다. 특히 효소 기반 세제는 음식물이나 피지 얼룩을 분해하는 성분으로 단백질 분해 효소나 지방 분해 효소를 포함하며, 이 효소들이 물과 함께 반응하면서 단백질 얼룩이나 기름기를 잘게 쪼개어 세탁을 통해 제거할 수 있게 합니다. 이 역시 가수분해 반응이 일상에서 어떻게 활용되는지를 보여주는 좋은 예입니다.

 이 외에도 생체 내에서 디엔에이(DNA) 복제나 알엔에이(RNA) 전사 과정에서 뉴클레오타이드 간의 결합이 끊어지거나 붙는 과정은 물론, 단백질의 합성과 분해, 세포 내의 물질 순환 등 생명현상의 거의 모든 단계에 가수분해 반응이 관여합니다. 물은 여기서 단순한 용매가 아니라, 결합을 끊고 새로운 작용기를 남기는 반응의 실질적 촉매 역할을 합니다. 약물의 대사 과정

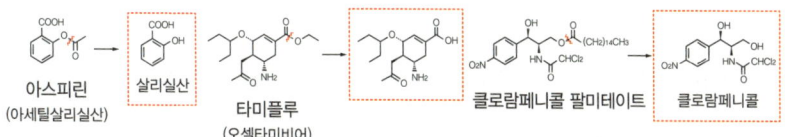

그림 3-8
에스터 형태의 프로드러그와 생체 내 가수분해 후 실제 약효를 나타내는 물질의 구조. 빨간색 점선 박스 안에 있는 구조가 실제 활성형 구조로 약효를 나타낸다.

에서도 가수분해는 중요한 반응입니다.

예를 들어 에스터 형태의 프로드러그(prodrug)는 체내에서 에스터 결합이 물에 의해 끊기면서 활성형 약물로 전환됩니다. 이는 단순히 용해도의 문제가 아니라, 분자의 특정 결합이 물과의 반응을 통해 깨지면서 새로운 구조와 기능을 가진 화합물로 바뀌는 과정입니다. 그림 3-8과 같이 우리가 잘 아는 진통제인 아스피린이나 독감 치료제인 타미플루는 그 자체로는 약효가 없지만 먹는 약으로서 흡수율을 극대화하려고 에스터 형태의 프로드러그로 개발됐으며, 실제로 생체 내 가수분해를 통해 분해돼 활성화된 구조(약효를 나타낼 수 있는 구조)로 바뀝니다.

또한 클로람페니콜이라는 항생제는 물에 잘 녹는 성질 때문에 먹는 약이나 안약으로 쓰일 때 엄청나게 쓴 뒷맛이 느껴지는 단점이 있습니다. 그래서 여기에 팔미테이트라는 수용성이 떨어지는 기능단을 붙여 프로드러그로 만들면, 투여할 때는 약효도 없고 쓴맛도 사라지지만 체내에서 분해돼 약효를 나타낼 수 있습니다. 이처럼 물은 단순히 약을 녹이는 용매가 아니라, 약물의 구조적 변화를 직접 유도하는 화학적 주체로 작용합니다.

결국 가수분해 반응은 단순히 결합을 분해하는 것 이상의 중요한 의미를 지닙니다. 물은 이 과정에서 분자의 구조를 바꾸고 성질을 전환하며 새로운 기능을 갖게 하는 데 직접 관여하는 반응성 분자입니다. 그러므로 물을 단순히 용매로만 생각하면 유기화학을 공부하는 데 있어 큰 오해가 발생할 수 있습니다. 가수분해는 물이 화학의 배우로서 가장 두드러지게 등장하는 사례 가운데 하나입니다. 이를 통해 우리는 물이라는 분자가 화학반응 속에서 유기화합물과 어우러지면서 얼마나 능동적으로 작동하는지를 실감할 수 있습니다.

물이 참여하는 반응에는 가수분해만 있지 않습니다. 제가 일하는 연구실에서는 분자구조 내에 공액 이중결합이 다수 포함돼 있는 형광염료를 합성하는 작업을 많이 합니다. 이중결합을 만들려면 강염기를 사용하는 제거 반응이나 금속 촉매를 사용하는 교차결합(cross-coupling) 반응을 유도해야 합니다. 문제는 이런 반응이 물과 상극이라는 데 있습니다. 대기 중 습도가 90% 이상인 장마철에는 실험실도 습해지는 것을 막을 수 없어서, 그동안 잘 되던 반응이 갑자기 일어나지 않는다고 울상을 짓는 대학원생들을 쉽게 볼 수 있습니다. 그럴 때는 다른 실험을 하거나 다음 장에서 소개할 슐렝크 라인(Schlenk line)과 글러브 박스(glove box)를 사용해서 수분과의 접촉을 최소화하는 수밖에 없습니다.

실험실 안에서 비가 내리는 것도 아니고 천장에서 물이 새는 것도 아닌데 눈에 보이지도 않는 수증기 때문에 반응이 진행되지 않는다니 믿기 힘들겠지만, 물 분자의 성질을 조금만 생각해 보면 금방 이해할 수 있습니다. 우리가 흔히 물은 중성이라고 생각하지만, 유기화학자의 눈으로 보면 물은 화학반응을 할 때는 산으로 작용할 때도, 염기로 작용할 때도 있습니다. 즉, 물은 양쪽성(amphoteric) 분자라는 것입니다.

그러다 보니 유기화학 반응 중에 소량의 물이 첨가되면 반응 조건에 따라 첨가된 물이 수소를 주는 산으로 작용할 수도, 반대로 수소를 받아들이는 염기로 작용할 수도 있습니다. 이와 같은 현상을 양성자 이동(proton transfer)이라고 해서 유기화학 반응에서는 매우 중요한 과정입니다. 이런 물의 양쪽성 때문에 강산이나 강염기를 반응에 사용하더라도 물이 함께 존재하면 강산이나 강염기가 소모돼 훨씬 약한 산이나 염기로 변하는 때가 간혹 있는데, 이를 평준화 효과(leveling effect)라고 합니다. 따라서 이럴 때는 물이 아니라 소수성 유기용매를 사용해야 시약의 효과를 온전히 누릴 수 있으므로, 유기화학자는 때때로 물을 멀리하

물의 양쪽성: 산/염기와 각각 반응 가능

아세트산　　물(염기)
$CH_3COOH + H_2O \rightleftharpoons CH_3COO^- + H_3O^+$

암모니아　물(산)
$NH_3 + H_2O \rightleftharpoons NH_4^+ + OH^-$

⇓

물의 평준화 효과: 강산이나 강염기를 무력화시킴

강염기　　물(산)　　　　약염기
$NaNH_2 + H_2O \rightleftharpoons NH_3 + OH^-$

강산　　물(염기)　　　약산
$H_2SO_4 + H_2O \rightleftharpoons HSO_4^- + H_3O^+$

그림 3-9
물의 양쪽성과 평준화 효과.

고 싶은 것이죠.

　물이 산으로도, 또 염기로도 작용해서 일어나는 평준화 효과는 실험실에서는 피하고 싶은 현상이지만, 인간이 생존하려면 반드시 필요한, 매우 중요한 반응입니다. 우리의 혈액은 항상 약염기성(pH 7.4)를 유지합니다. 그런데 여기서 조금이라도 산도에 변화가 일어난다면 혈액 내 기체 교환 평형이 깨지고, 혈중 산소 농도에 영향을 주며, 그 결과로 의식을 잃거나 근육에 마비가 올 수도 있습니다.

　호흡을 통해 혈액 속으로 녹아 들어온 이산화 탄소는 물과 결

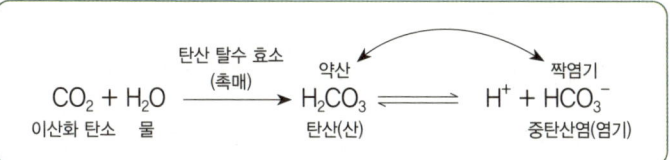

그림 3-10
혈액에서 일어나는 완충 반응.

합해 탄산을 형성합니다. 이때 물은 염기로 작용해 이산화 탄소에 풍부한 전자를 제공함으로써 결합을 이룹니다. 이 반응은 실험실에서 수행하기에는 매우 느리지만, 우리 혈액에서는 그 속에 존재하는 탄산 탈수 효소(carbonic anhydrase)라는 촉매의 도움으로 매우 신속하게 일어납니다. 탄산은 약산성 물질로, 산염기 평형을 통해 그 짝염기인 중탄산염과 양성자를 생성합니다. 이렇게 생성된 다량의 약산과 그 짝염기로 이뤄진 수용액을 '완충 용액'이라고 하는데요. 완충용액에는 외부의 영향에 의해 산도가 쉽게 변하지 않는 성질이 있습니다.

물은 때때로 반응의 재현성을 해치는 변수로 작용하지만, 화학반응을 가능하게 하는 핵심 요인이기도 합니다. 물은 단순한 용매를 넘어 반응의 환경을 조성하고, 분자의 구조와 결합 양상을 조절하며, 필요한 경우에는 반응물로 직접 참여해 분해나 전환을 이끌어냅니다. 특히 가수분해와 같은 반응에서는 물이 없으면 결코 일어날 수 없는 화학적 변화가 이뤄지며, 이는 단백질 소화나 약물 활성화처럼 실생활에서도 핵심적인 역할을 합니다. 다양한 화학반응에서 물은 분자 간의 상호작용과 결합을 위한 매개체가 됩니다.

물은 가장 근본적인 화학적 인프라다

이처럼 유기화합물은 얼핏 물과 섞일 수 없을 것 같지만, 다양한 분자 간 힘을 통해서 물과 조화로운 상호작용이 가능하고, 화학반응의 매개체로서 반응이 일어나도록 도와주는 무대가 되기도 합니다. 분자와 분자가 상호작용 할 수 있는 용매로서, 때로는 반응물로서 물은 수많은 화학반응에 관여합니다. 물의 특성인 극성, 수소결합, 양쪽성은 유기 분자의 용해도와 반응성에 깊은 영향을 미치며, 우리가 생활 속에서 관찰할 수 있는 과학적 현상의 본질을 이해하는 데 필수적인 열쇠가 됩니다.

특히 우리가 복용하는 약은 그 작용의 전 과정에서 물과 끊임없이 상호작용을 합니다. 약은 물에 녹아야 흡수될 수 있고, 물에서 전달돼야 표적에 도달할 수 있으며, 물과 반응해 대사되고 배출됩니다. 이를 위해 약의 분자구조를 설계할 때 최적의 약효를 내도록 하려면 물과 약물 분자의 조화를 반드시 고려해야 합니다. 수소결합을 할 작용기를 갖추고, 친수성과 소수성을 적절히 조화시킨 분자구조는 물이라는 환경에서 효과적으로 작동할 수 있습니다.

결국 물은 단지 배경이나 용매가 아니라, 다양한 화학반응이 현실에서 구현되기 위한 조건이자 동반자입니다. 우리가 실험실에서, 공장에서 또는 생활 속에서 마주하는 화학반응은 대부분 물 없이는 존재할 수 없습니다. 물이라는 단순한 분자가 화학반응이라는 복잡한 세계를 가능하게 만든다는 점에서, 물은 가장 근본적인 '화학적 인프라'라고 할 수 있습니다.

다음에 여러분이 약을 먹을 때 또는 실험을 준비할 때, 그 안에서 물이 어떤 역할을 할지 잠시 떠올려보시기 바랍니다. 화학반응은 분자로 구성된 언어이고, 물은 그 언어를 전달하는 매체입니다. 다양한 특성을 가진 분자와 물이 조화롭게 공존할 때, 화학반응이 일어나고 분자는 더욱 효율적으로 합성되며 약도 기대된 효과를 발휘할 수 있습니다.

4.

쓸모없기도 쓸모 있기도 한 용매, 물

정병혁 (대구경북과학기술원DGIST 화학물리학과 교수)

유기화학은 탄소로 이뤄진 화합물들의 물리적·화학적 성질을 이해하고 합성을 연구하는 학문입니다. 화합물의 물리적 성질은 녹는점이나 끓는점, 점도, 메짐성, 전기 전도성 등 다양합니다. 이 중 특정 용매에 대한 화합물의 용해되는 정도를 나타내는 용해도는 화합물을 이용한 화학반응에 있어 매우 중요한 성질입니다. 우리는 이번 장에서 물을 용매로 사용하는 유기화학 반응들과 반응 내내 물이 있어서는 안 될 유기화학 반응들을 함께 살펴보고자 합니다.

물은 제거돼야만 한다

유기화학 반응에 관한 이야기를 시작하기 전에 우선 용해라는 현상을 살펴보면 좋을 것 같습니다. 우리가 용해 현상을 이해할 때 첫째로 생각할 것은 상대적 성질, 즉 용매에 따라 화합물의 용해도가 달라진다는 점입니다. 예를 들어 염화 나트륨(NaCl)은 표준 상태에서 증류수 1L에 360g이 녹지만, 메탄올 1L에는 14.9g만이 녹습니다. 이처럼 용매의 종류에 따라 화합물의 용해도가 달라지는데, 이는 입자 사이 상호작용, 즉 용매 입자와 화합물의 상호작용이 용해도를 결정하기 때문입니다.

입자 사이 상호작용과 용해도 사이 상관관계를 직관적으로 설명하는 유명한 문장이 있는데, 바로 'Like dissolves like', 즉 용매와 전기적 성질이 비슷한 용질이 잘 용해된다는 것입니다. 이온 화합물인 염화 나트륨이 극성 강한 물에 잘 녹는 반면에 옷에 묻은 무극성 기름때는 물에 녹지 않아 테트라클로로에테인이라는 무극성 용매를 이용한 드라이클리닝으로 세탁하는 것이 이를 잘 설명해주는 예입니다. 그리고 용해 전과 후의 화합물의 상태에 대한 이해는 우리가 용해 현상을 올바로 이해하는 데 있어 정말 중요한 부분입니다.

고체 상태인 염화 나트륨이 물에 녹기 전과 후의 상태는 어떤 차이가 있을까요? 고체 상태의 염화 나트륨은 양이온인 Na^+ 와 음이온인 Cl^-가 이온 결합을 통해 암염(rock salt) 구조의 단위세포를 형성하고, 이러한 단위세포가 3차원 공간에 무수히 존재하는 상태입니다. 즉, 용해되기 전 고체 상태에서 우리는 독립된 하나의 Na^+, Cl^- 이온의 상태를 생각할 수 없습니다. 하지만 물에 용해되면서 Na^+와 Cl^- 사이 이온 결합이 끊어지고, 독립된 각 이온에 물 분자가 둘러싼 형태로 존재하게 됩니다.

이 과정을 좀 더 일반화시켜 표현한다면, 용해 과정이란 벌크 상태의 용질 입자를 개별 단위로 쪼개어 벌크 상태의 용매 내 만들어진 빈 구멍(cavity)에 용질을 가둬두는 것으로 이해할 수 있습니다.

이제 용해 현상을 이해했으니, 본격적으로 유기화학 반응들, 이 중 물을 반드시 제거해야 할 때를 살펴봅시다. 여러분이 생각했을 때, 어떤 때에 물이 반드시 제거돼야 할까요? 바로 물이 반응에 참여해 원하는 반응의 진행을 방해할 때입니다. 어떤 경우에는 단순히 원하는 반응을 방해하는 것을 넘어서, 화재나 폭발 등의 매우 위험한 상황이 발생할 수도 있습니다. 아래 두 이야기는 실제 미국에서 발생한 실화들로, 여러분이 아래의 유기화합물들을 취급하는 반응을 수행한다면 필수적으로 물을 제거해야 합니다.

물을 무시하면 반드시 사고가 일어난다

 2008년 12월 29일, 크리스마스와 송년 연휴로 학교에 학생이 많지 않던 캘리포니아대학교 로스앤젤레스(UCLA) 캠퍼스 내 한 연구실. 연구원이 원하는 유기화합물을 합성하려면 바이닐 리튬(vinyl lithium) 화합물이 필요했고, 이를 합성하고자 바이닐 브로마이드(vinyl bromide)와 삼차-부틸 리튬(tert-butyl lithium) 용액을 이용한 화학반응을 진행했습니다. 삼차-부틸 리튬은 공기에 노출되면 수증기와 산소 분자와 반응해 발화돼서 위험성이 매우 크고, 이러한 이유로 사용할 때 반드시 빈용 용기 내 물을 완벽히 제거하고 삼차-부틸 리튬 용액을 계량하는 기구로 외부 공기가 스며들지 않는 특수 주사기(gas-tight syringe, 피스톤이 주사기의 벽과 마찰이 심해서 사용할 때, 즉 피스톤을 당길 때 실제로 엄청난 힘이 듭니다)를 사용해야 합니다.

 하지만 UCLA 연구원은 삼차-부틸 리튬 용액을 특수 주사기가 아닌 일회용 플라스틱 주사기를 이용해 계량했고, 이때 연구원의 옷에 소량의 용액이 튀었습니다. 자연 발화된 삼차-부틸 리튬은 내연성이 강한 실험복의 경우 불이 다른 곳으로 번지지 않고 꺼지지만, 불행하게도 해당 연구원은 당시 실험복이 아닌 실크 소재의 옷을 입어 찰나에 불이 온몸으로 번졌습니다. 같은

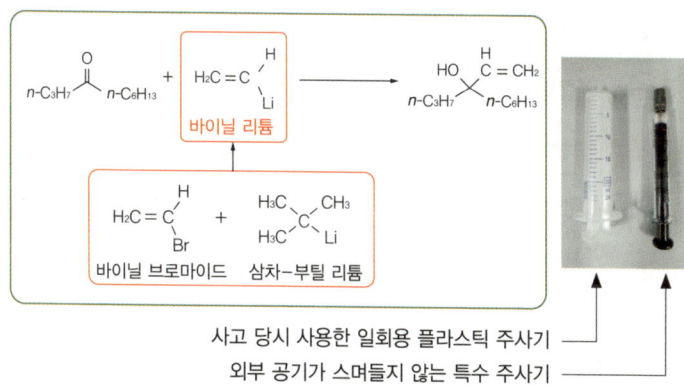

그림 4-1
UCLA 화재 사건의 화학반응과 주사기.

실험실 내 다른 학생이 이를 발견하고 화재를 진압했음에도 연구원 신체의 약 40%가 3도 화상을 입었고, 2009년 1월 16일 화재로 인한 후유증으로 연구원은 결국 사망했습니다.

삼차-부틸 리튬처럼 탄소와 리튬 원자로 구성된 화합물을 유기 리튬 화합물이라 하는데, 이 외에도 유기 마그네슘, 유기 아연, 유기 알루미늄 등 유기화학 반응에 널리 이용되는 여러 유기 금속화합물이 물에 민감해 공기에 노출되면 수증기와 반응해서 자연 발화됩니다. 따라서 실험을 원활하게 진행할 뿐만 아니라 연구자가 안전하려면 물을 완벽히 제거한 시스템에서 실험을 진행해야 합니다.

앞서 설명한 UCLA의 사례는 유기 금속화합물에 의한 화재였는데, 유기 금속화합물이 아니더라도 수증기 또는 물과 반응해 발화, 폭발되는 물질은 다양합니다. 2013년 4월 18일 저녁, 텍사스주 소도시 웨스트에 위치한 비료 공장에 방화(범인은 여전히 밝혀지지 않음)로 인한 비교적 소규모의 화재가 소방서에 신고됐습니다. 소방차와 함께 출동한 소방관들이 화재를 진압하려고 물을 뿌리기 시작했는데, 문제는 고압의 무수 암모니아(anhydrous NH_3) 보관 탱크가 화재에 따른 손상으로 인해 가스가 새면서 비료 공장 대기 내 무수 암모니아의 농도가 점점 높아지는 상황이었습니다.

무수 암모니아는 물과 매우 빠른 속도로 반응해 높은 열을 방출하는데, 소방차에서 화재를 진압하려고 뿌린 물이 무수 암모니아와 반응해 결국 폭발을 일으켰습니다. 이때 발생한 에너지가 질산 암모늄의 2차 폭발을 야기해 15명의 소방관이 사망하고, 소방관 포함 200여 명의 부상자가 발생했습니다(오해의 소지가 있는데, 다량의 물에 무수 암모니아 기체를 주입하면 큰 위험 없이 암모니아수를 얻을 수 있습니다. 하지만 텍사스 비료 공장 사고는 다량의 암모니아 기체가 있는 곳에 물을 뿌린 경우입니다. 전자의 경우 반응열이 물로 고루 퍼져 위험도가 낮지만, 후자의 경우 반응열에 의한 주변 암모니아 기체들의 반응성이 커져 폭발의 우려가 커집니다.

이와 비슷한 예시로 산성 용액을 희석할 때 높은 농도의 산성 수용액에 증류수를 붓는 것이 아니라, 증류수에 높은 농도의 산성 용액을 천천히 붓는 것을 들 수 있습니다).

참고로 질산 암모늄은 비료의 핵심 성분이지만 강한 폭발성으로 인해 과거부터 폭발 사고가 여럿 알려져 있습니다. 가장 최근에 있었던 사례로 2020년 8월 4일, 레바논 베이루트 항구의 폭발 사고가 있습니다. 이 폭발 사고는 베이루트 항구의 지형을 바꿔놨고, 베이루트 도시 전체에 막대한 피해를 남겼습니다. 항구 내 질산 암모늄과 함께 나란히 보관 중이던 폭죽 주변에 용접 공사를 하다 튄 불에 의한 화재가 발생했고, 이 화재로 폭죽이 폭발하면서 기폭제 역할을 해 최종적으로 질산 암모늄의 대형 폭발 사고로 진행됐습니다.

텍사스 비료 공장 폭발은 소방관들이 뿌린 물과 무수 암모니아 사이 반응이 기폭제가 된 것이라, 폭발의 규모는 베이루트 항구 폭발 사고가 훨씬 컸지만, 사고로 인한 소방관의 사망자 수는 텍사스 사고가 더 많았습니다.

앞서 언급한 화합물의 다양한 성질 중 조해성(deliquescence)이라는 것이 있는데, 이는 공기에 노출된 물질이 수증기를 흡수해 녹아 수용액이 되는 물질의 성질을 가리킵니다. 겨울철 도로가 얼지 않도록 뿌려주는 염화 칼슘을 비롯해 수산화 나트륨, 질산

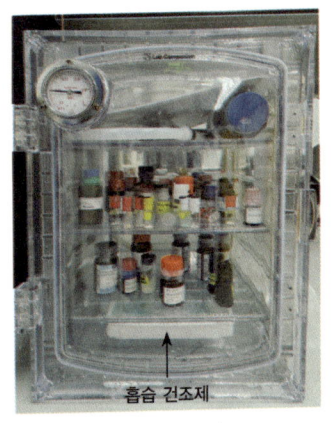
흡습 건조제
데시케이터 앞

진공 라인(vacuum line)
데시케이터 옆

그림 4-2
습기에 민감한 화합물을 보관하는 장치, 데시케이터.

암모늄, 탄산 칼륨 등이 조해성을 지닌 대표적인 화합물입니다. 고체 상태였던 순수한 화합물을 공기에 노출시키면 수증기를 흡수해 수용액이 되기 때문에, 조해성을 지닌 화합물을 온전한 상태로 유지하려면 반드시 수증기가 제거된 환경에서 보관해야 합니다.

이를 위해 그림 4-2처럼 데시케이터(desiccator)라는 장비가 개발됐습니다. 맨 아래층에는 오산화인(P_2O_5) 또는 드라이라이트(Drierite®) 등의 흡습 건조제를 놓고 데시케이터 내 압력을 낮게 유지해 내부 공기의 수증기 함량을 최소화해서, 조해성이 있는 화합물을 비롯해 습기에 민감한 화합물을 보관하는 용도로 널리 활용됩니다.

조해성을 지닌 화합물 외에도 공기에 노출되면 공기 내 수증기나 산소 분자와 반응해 화합물 조성이 달라지는 물질이 존재합니다. 대표적인 예가 두 개의 사이클로옥타다이엔(cyclooctadiene, cod) 분자가 하나의 니켈 원자와 배위결합한 Ni(cod)$_2$라는 물질입니다. 유기화합물 구조에 있어 뼈대는 탄소 원자들 사이 결합으로 구성돼 있는데, 두 반응 파트너를 팔라듐(Pd) 촉매로 탄소-탄소 결합을 형성해 분자의 골격을 구성하는 화학반응을 교차 짝지음 반응(cross coupling reaction)이라 하며, 이 반응을 개발한 공로로 리처드 헤크, 네기시 에이이치, 스즈키 아키라 세 분이 2010년에 노벨 화학상을 수상했습니다.

팔라듐 촉매만큼 사용되는 주요 촉매가 바로 Ni(cod)$_2$입니다. 그런데 Ni(cod)$_2$는 산소 분자와 습기에 매우 민감한데, 노란색의 반짝반짝 빛이 나는 고체 화합물 Ni(cod)$_2$가 공기에 노출되면 수증기나 산소 분자와 반응해 변성이 시작됩니다. 하루 정도 지나면 대부분의 Ni(cod)$_2$가 흑갈색의 니켈 산화물로 화학적 변화를 겪어 짝지음 반응에 대한 촉매 활성을 잃고, 더는 촉매로 사용할 수 없습니다.

이처럼 유기화학 반응을 진행할 때 반응 용기 내 습도가 높다면, ① 공기나 습기에 예민한 화합물의 변성으로 인해 원하는 반응 실패, ② 반응 도중 생성된 반응성이 강한 중간 물질이 물과 반응해 원하는 반응 실패 등의 문제가 발생할 수 있습니다. 이러한 이유로 유기화학 반응에서는 반응 용기 내 공기나 습기를 제거하려고 다양한 기술이 개발됐는데, 그중 몇 가지 사례를 함께 살펴보겠습니다.

물을 제거하는 기술로 실험실을 안전하게

첫 번째 소개할 기술은 독일의 유기화학자 빌헬름 슐렝크(Wilhelm Schlenk)가 개발한 슐렝크 라인 기술입니다. 슐렝크는 유기 리튬 화합물, 유기 마그네슘 화합물에 관한 연구뿐만 아니라, '케틸 라디칼 음이온(ketyl radical anion)'이라는, 수증기와 산소 분자에 매우 민감한 화합물에 관한 연구를 수행했습니다. 그는 해당 물질이 수증기와 산소 기체에 매우 민감하다 보니 반응 용기 내 공기를 완벽히 제거하고 비활성 기체인 질소 또는 아르곤이 채워진 반응 용기에서 합성해 연구를 수행하고자 특별한 실험 장치를 고안·제작했습니다. 이후 개발이 거듭돼 현재 일반적으로 사용되는 슐렝크 라인으로 이어졌습니다(그림 4-3).

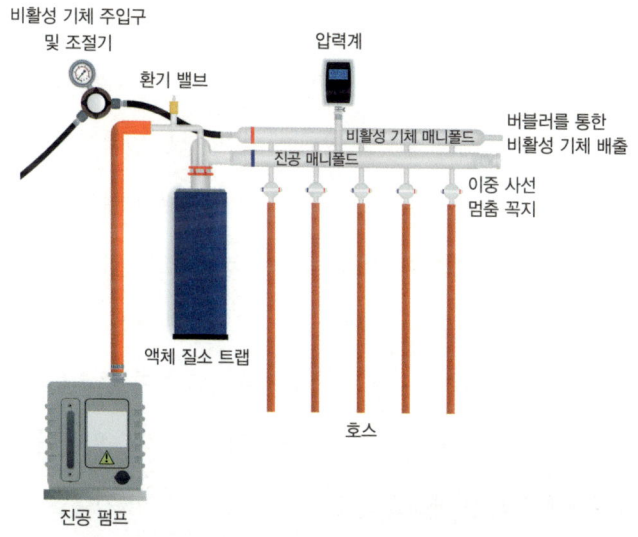

그림 4-3
슐렝크 라인.

슐렝크 라인의 핵심적인 특징은 파이렉스 소재로 제작된 두 매니폴드, 즉 비활성 기체관과 진공 펌프에 연결된 진공관의 구성입니다. 슐렝크 라인을 이용한 수증기와 산소 기체가 제거된 반응 환경 조성은 다음의 과정을 따릅니다. 반응 용기와 매니폴드는 각 포트에 설치된 튜브로 연결할 수 있고, 우선 밸브를 진공 매니폴드로 열어 반응 용기 내 기체 입자들을 제거합니다. 이때 화염 건조를 통해 더 효과적으로 반응 용기 내 기체들을 제거할 수 있습니다.

충분히 건조됐다면, 밸브를 비활성 기체 매니폴드로 열어 반응 용기를 질소 또는 아르곤 기체로 채웁니다. 용기 내 진공을 잡고 비활성 기체를 채우는 작업을 세 번 정도 반복합니다. 이러한 과정을 통해 반응 용기 내 비활성 기체만으로 채워진 반응 조건을 만들 수 있습니다. 이후 충분히 건조 또는 정제된 화합물, 물과 산소가 제거된 유기용매 등을 이용해 반응을 개시해, 반응 도중 생성된 반응성이 큰 화합물들이 수증기와 반응해 분해되거나 원하지 않는 방식으로 반응이 진행되는 것을 막을 수 있고, 안전하게 원하는 반응을 수행할 수 있습니다. 이 기술은 슐렝크가 학계에 보고한 이래 널리 보급돼, 현재 슐렝크 라인은 화합물을 합성하는 전 세계 대부분의 연구실에서 필수적인 연구 장비로 사용되고 있습니다.

유기화학 반응에서 반응 용기 내 공기를 제거하는 방법으로 두 번째 소개할 내용은 그림 4-4처럼 악수하려고 손을 내민 것 같이 장갑들이 설치된 글러브 박스입니다. 글러브 박스는 애초 수증기와 산소 기체 등을 제거하는 것보다 방사성 물질을 안전하게 연구하려고 20세기 초 처음 제작됐습니다. 제2차세계대전 당시, 많은 과학자가 참여한 맨해튼 프로젝트를 통해 글러브 박스가 본격적으로 개발·이용됐는데, 방사선에서 연구자를 보호하려고 납유리·강철 등으로 제작된 견고한 차폐막을 갖추도록

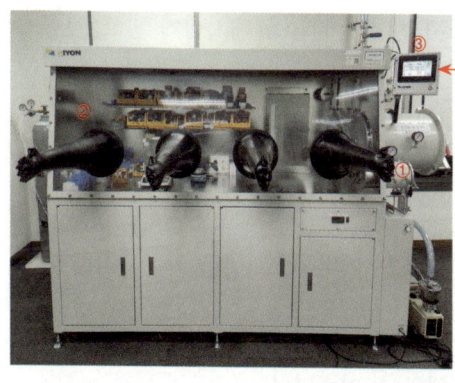
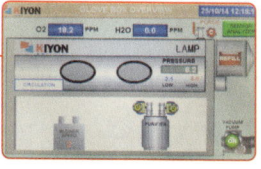

① 대기실
② 워크스테이션
③ 산소 기체/수증기
   제어 모니터

그림 4-4
글러브 박스와 구성.

구성됐습니다.

유기 금속화학(organometallic chemistry)의 연구가 본격적으로 시작된 1950년대, 화학자들은 수증기와 산소 기체가 없는 환경 조성이 필요했고, 이때 글러브 박스에 주목했습니다. 화학자들은 애초 방사성 물질로부터 연구자를 보호하려고 개발된 글러브 박스를, 오히려 화합물을 안전하게 보관하고 다루려는 목적으로 사용하기 시작했습니다.

글러브 박스의 외관은 크게 세 부분, 즉 ① 대기실(antechamber), ② 워크스테이션(workstation), ③ 산소 기체/수증기 제어 모니터로 구성돼 있습니다. 글러브 박스를 이용해 수증기와 산소 기체가 제거된 화학반응 수행은 다음의 과정을 따릅니다. 우선 뜨거운 오븐에서 충분히 건조된 반응 용기들을 대기실에 넣고, 진공을 잡아 모든 기체 입자를 제거하고, 이후 비활성 기체를 대기실에 채워주는 과정을 3회 반복합니다. 이후 대기실에 있던 반응 용기들을 워크스테이션으로 옮기면, 워크스테이션에는 기체가 제거된 유기용매를 비롯해 완벽히 건조된 화합물들이 준비돼 있습니다. 곧 워크스테이션에서 각 화합물을 계량하고 혼합해 원하는 반응을 안전하게 수행할 수 있습니다.

그림 4-4의 산소 기체/수증기 제어 모니터에서 보이는 것과 같이, 글러브 박스는 산소 기체와 수증기를 엄격히 관리하는 장비로, 워크스테이션 내 해당 기체가 발생하면 대기 순환을 통해 촉매로 이동하고, 촉매에 산소 기체와 수증기가 흡착돼 제거할 수 있습니다.

앞서 설명한 슐렝크 라인 기술과 글러브 박스 장비는 물에 민감한 유기화학 반응을 수행하는 데 훌륭한 도구지만, 두 방법에는 근원적인 치명적 단점이 존재합니다. 우선 글러브 박스는 장비가 매우 고가이며, 설치하고 유지하는 데 큰 비용이 듭니다. 그 이유는 워크스테이션 내 수증기와 산소 기체 농도를 매우 낮게 유지하면서, 높은 압력의 비활성 기체가 상시 공급되는 시스템을 구축하고 지속하는 데 필요한 요소가 많기 때문입니다. 또한 두꺼운 장갑을 끼고 외부에서 워크스테이션 내부의 작업을 수행하는 것이 불편합니다.

슐렝크 라인은 글러브 박스와 비교해 구매 비용이 저렴한 편이지만, 기본적으로 비활성 기체가 수시로 공급될 수 있는 시스템을 구축해야 하고, 슐렝크 라인이 설치될 퓸 후드(fume hood)도 갖춰야 합니다. 무엇보다 이 두 가지 장치가 물에 민감한 유기화학 반응을 성공적으로 수행하는 데 근본적인 해결책이 될 수는 없습니다. 그 이유는 앞서 설명한 것처럼 반응에 사용하는 용매나 화합물 등이 완벽히 건조돼 있지 않다면 아무런 소용이 없기 때문입니다. 곧, 슐렝크 라인과 글러브 박스는 보조적인 방법으로, 용매 및 화합물의 정제·건조가 물이 제거된 반응 조건을 형성하는 데 매우 중요합니다.

그럼에도 물은 쓸모 있다

지금까지 살펴본 내용에 따르면, 물은 유기화학 반응에 있어 반드시 제거해야 할 대상처럼 생각될 수 있습니다. 이처럼 물이 완벽히 제거된 화학반응 환경을 만들려면 우리는 슐렝크 라인과 글러브 박스 그리고 완벽히 정제·건조된 유기용매와 화합물 등이 필요합니다. 그런데 이쯤에서 한번 생각해볼 내용이 있습니다. 그건 바로, '우리가 원하는 화합물을 합성하려면 위에 설명된 방법처럼 물을 완벽히 제거하는 공정이 오히려 불편하고 비용이 많이 들지 않을까? 반응 도중에 물이 있더라도 전혀 문제가 되지 않는 화학반응을 개발할 수 있다면 값비싼 기구나 장비를 사용하지 않고서도 화합물을 합성할 수 있지 않을까?'라는 점입니다.

실제로 용매로서 물을 생각해보면, 최근 '지속 가능성(sustainability)'이 인류의 삶에 있어 중요한 화두이기에, 이러한 맥락에서 물은 그 어떤 유기용매보다 환경친화적입니다. 독성이 없어 안전하고 가격 또한 매우 싸서 경제적이지요. 그뿐만 아니라 화학반응의 응용 측면에서도 물을 용매로 사용하는 화학반응의 개발이 매우 중요합니다. 세포 내 발생하는 다양한 현상은 물에서 진행된 화학반응에 기반하며, 이를 제어·조절하려면 반드시 물에서 진행되는 화학반응이 개발돼야 합니다.

이러한 이유로 생명체나 생물학적 현상에 대해 세포 내 화학반응과 같이 화학적 방법과 기술을 통해 접근하는 화학 생물학(chemical biology) 분야에서는 물에서 진행되는 유기화학 반응이 매우 중요합니다. 이처럼 물은 화학반응에서 제거해야 할 대상이 아니라 용매로서 활용해야 할 대상입니다.

실제로 1980년에 미국의 화학자 로널드 브레슬로 교수가 처

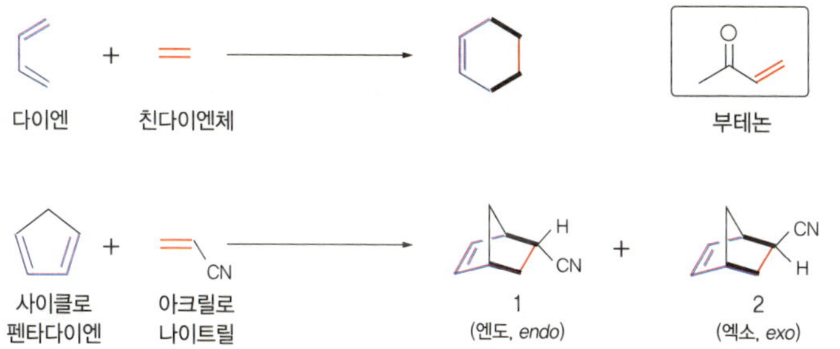

다이엔 + 친다이엔체 ⟶ [벤젠 고리] 부테논

사이클로펜타다이엔 + 아크릴로나이트릴 ⟶ 1 (엔도, *endo*) + 2 (엑소, *exo*)

그림 4-5
딜스-알더 반응.

음 물을 용매로 사용한 유기화학 반응을 보고한 이래, 많은 과학자가 이 분야에서 관련 연구를 수행하고 있습니다. 물을 용매로 사용한 반응이 때로는 놀랍게도, 유기용매를 사용한 일반적인 유기화학 반응과 비교해 더 효율적이고, 선택성이 향상된 경우가 발생합니다. 즉, 물은 단순히 유기화학 반응에 사용할 수 있는 지속 가능한 용매만이 아닌, 다양한 장점을 지닌 만능 해결사 역할을 할 수 있습니다. 지금부터는 이러한 내용을 좀 더 자세히 살펴보도록 하겠습니다.

함께 살펴볼 첫 번째 유기화학 반응은 그림 4-5에 나와 있는 딜스-알더 반응(Diels-Alder reaction)으로, 1928년 독일 킬(Kiel) 대학의 오토 딜스 교수와 그의 제자 쿠르트 알더가 개발해 1950년에 노벨 화학상을 수상했습니다. 그림 4-5에서 파란색으로 표시된 C=C-C=C로 결합된 부분을 분자구조 내 갖는 화합물을 우리는 다이엔(diene)이라고 하고, 빨간색으로 표시된 C=C 결합을 갖고 다이엔 화합물과 쉽게 딜스-알더 반응할 수 있는 화합물을 친다이엔체(dienophile)라고 부릅니다.

딜스-알더 반응은 다이엔 내 파란색 네 개의 탄소와 친다이엔체 빨간색 두 개의 탄소 사이 상호작용을 통해 육각형 고리 화합물을 합성하는 화학반응(딜스-알더 반응을 통해 생성된 두 개의 탄소-탄소 단일결합을 굵은 검정 선으로 나타냄)으로, 이러한 탄소만으로 구성된 육각형 고리 구조는 천연물을 비롯한 의약품, 유기소재 등에서 흔히 발견됩니다. 따라서 이러한 육각형 탄소 고리 화합물을 합성하는 데 있어 딜스-알더 반응은 매우 유용하게 활용되며, 해당 공로를 인정받아 딜스와 알더에게 노벨상의 영예가 주어졌습니다.

브레슬로 교수는 우선 용매로 물을 사용했을 때 딜스-알더 반응의 반응성 향상에 주목했습니다. 다이엔 화합물로 사이클로펜타다이엔(cyclopentadiene), 친다이엔체로 아크릴로나이트릴(acrylonitrile)을 이용해 연구를 수행했습니다. 일반적으로 딜스-알더 반응에는 끓는점이 비교적 높은 아이소옥테인(isooctane)과 톨루엔(toluene) 등의 유기용매가 사용되는데, 브레슬로 교수는 용매로 물을 사용했을 때 아이소옥테인을 사용했을 때보다 반응 속도가 283배 빨라지는 현상을 발견했습니다.

이때 친다이엔체로 아크릴로나이트릴 대신 부테논(butenone)을 사용할 경우, 물에서 반응이 아이소옥테인에서 반응보다 무려 1,835배 빠른 현상 또한 보고했습니다. 이뿐만 아니라, 브레슬로 교수는 딜스-알더 반응의 입체 선택성(stereoselectivity)도 연구했는데, 그림 4-5처럼 사이클로펜타다이엔과 아크릴로나이트릴의 반응으로 화합물 1, 2의 두 가지 딜스-알더 생성물이 합성될 수 있습니다.

화합물 1과 2는 동일한 분자식을 가지며 모체의 구조 역시 같지만, 치환기 CN의 공간적 배향이 다른 입체이성질체(stereoisomer) 관계입니다. 여기서 화합물 1은 CN의 위치가 딜스-알더 반응을 통해 결합이 형성된 네 개의 탄소들(굵은 검정 선으로 연결된 탄소들)로 구성된 면(plane)을 기준으로, 반응을 통해 생성된 C=C 결합과 같은 방향에 위치해 엔도(endo) 화합물이라 명명하고, 화합물 2는 CN이 C=C 결합과 반대 방향에 위치해 엑소(exo) 화합물이라 합니다.

브레슬로 교수는 유기용매에서 반응했을 때 화합물 1과 2가 5:1의 비율로 합성됐지만, 용매를 물로 바꾸면 그 비율이 42:1로 크게 향상되는 것을 발견했습니다. 딜스-알더 반응에서 단순히 유기용매를 물로 바꿨을 뿐인데, 브레슬로 교수가 발견한 것처

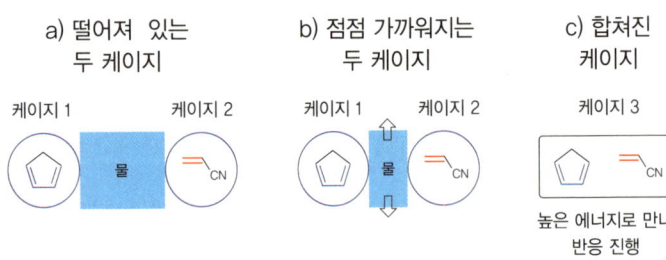

그림 4-6
용매로 물을 사용했을 때 소수성 효과에 따른 반응성 향상.

럼 반응이 더 빨라지고, 선택성 또한 더 높아진 이유는 과연 무엇일까요?

여러 가지 이유가 복합적으로 작용한 것이지만, 주로 소수성 효과(hydrophobic effect)와 응집 에너지(cohesive energy) 등으로 설명할 수 있습니다. 소수성이란 물질의 성질 중 하나로 물과 친화력이 낮은 성질, 즉 친수성의 반대 성질입니다. 대부분 유기화합물은 소수성을 가지며, 사이클로펜타다이엔과 아크릴로나이트릴 모두 소수성 화합물입니다.

소수성 화합물을 물에 녹이면 작은 공간에 소수성 화합물들이 놓이고 그 주변을 물 분자가 둘러싼 케이지(cage 또는 cavity라고 합니다)가 형성됩니다. 그림 4-6처럼 서로 이웃한 케이지 중 하나에는 사이클로펜타다이엔이 있고, 다른 하나에는 아크릴로나이트릴이 있다고 가정해봅시다.

유기용매를 사용하면 용매 또한 소수성을 가지므로 두 케이지가 쉽게 합쳐져 낮은 에너지로 두 화합물이 만나 딜스-알더 반응이 진행되는 반면에, 물을 용매로 사용하면 두 케이지가 서로 가까워질수록 케이지 사이 물에서는 주변에 수소결합을 할 수 있는 물 분자가 줄어들어 두 케이지 사이를 빠르게 빠져나갑니다. 이를 건조 효과(drying effect)라고 합니다. 곧 두 케이지가 합쳐질 때 높은 에너지로 사이클로펜타다이엔과 아크릴로나이트릴이 만나 딜스-알더 반응이 더 빠르게 진행되고 이를 소수성 효과라 합니다.

또 다른 요인인 응집 에너지를 이해하려면 우선 응집 에너지 밀도를 알아야 합니다. 이는 단위 부피의 분자를 용매 분자들이 둘러싸는 상태에서 해당 용매 분자들을 완벽히 제거하는 데 필요한 에너지를 말합니다. 물은 응집 에너지 밀도가 매우 큰 물질(550.2cal/mL)로 이는 소수성의 물질이 들어왔을 때 케이지를 형성하려면 큰 에너지가 필요함을 의미합니다. 즉, 유기용매에서는 비교적 큰 케이지 내에서 딜스-알더 반응이 진행되는 반면에, 응집 에너지 밀도가 높은 물을 용매로 사용한 딜스-알더 반응은 작은 크기의 케이지 내에서 사이클로펜타다이엔과 아크릴로나이트릴이 좀 더 밀착된 상태로 딜스-알더 반응이 진행돼 반응 속도가 빨라지고 입체 선택성 또한 증가합니다.

  물을 용매로 사용하는 다른 주요한 유기화학 반응으로 2022년 노벨 화학상이 수여된 클릭 화학(Click chemistry), 생물 직교 화학(bioorthogonal chemistry)에 활용되는 반응들이 있습니다. 우선 클릭 화학이란 일반적인 화학반응과 달리, 화합물을 단순히 섞어만 줘도 반응 조건에 구애받지 않고 매우 빠르게 부산물(byproduct)을 생성하지 않으면서 높은 수율로 원하는 화합물만 얻을 수 있는 화학반응으로, 블록 장난감을 조립해 원하는 형태를 만들듯이 손쉽게 화학반응을 진행할 수 있는 새로운 개념의 분야입니다.

  2001년에 비대칭 산화 촉매 반응 개발 공로를 인정받아 노벨 화학상을 윌리엄 놀스, 노요리 료지 교수와 공동 수상한 배리 샤플리스 교수는 노벨상을 수상한 당해 연도에 클릭 화학의 기념비적인 연구 결과를 발표했는데, 그것이 바로 구리 촉매 아자이드-알카인 고리 첨가 반응(Cu-catalyzed Azide-Alkyne Cycloaddition, CuAAC reaction)입니다(그림 4-7). 참고로, 2022년 노벨 화학상을 샤플리스 교수와 함께 수상한 모르텐 멜달 교수 또한 독립된 연구를 통해 CuAAC 반응을 2002년 보고했습니다.

  해당 반응이 클릭 화학의 조건을 만족시키는 데 핵심은 바로 '구리 촉매'입니다. 그런데 구리 촉매 없이 아자이드와 알카

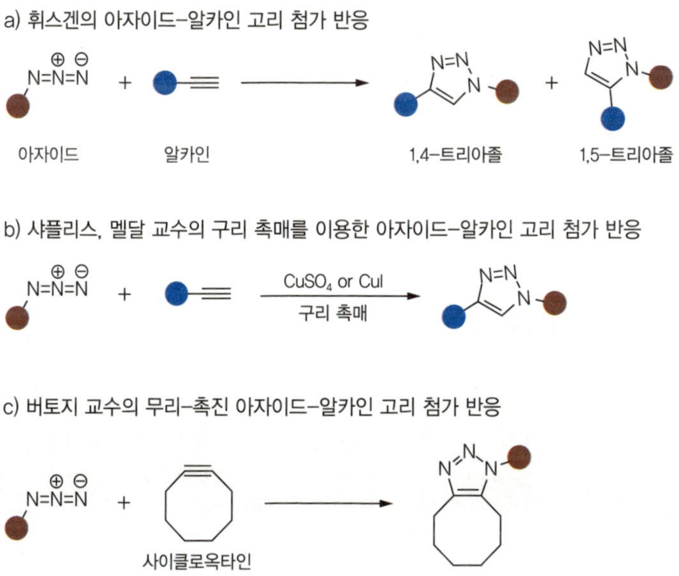

a) 휘스겐의 아자이드-알카인 고리 첨가 반응

아자이드   알카인   1,4-트리아졸   1,5-트리아졸

b) 샤플리스, 멜달 교수의 구리 촉매를 이용한 아자이드-알카인 고리 첨가 반응

CuSO$_4$ or CuI
구리 촉매

c) 버토지 교수의 무리-촉진 아자이드-알카인 고리 첨가 반응

사이클로옥타인

그림 4-7
아자이드-알카인 고리 첨가 반응과 클릭 화학, 생물 직교 화학 전략.

인 사이 반응을 진행하려면 가열이 필요하고, 긴 반응 시간이 필요하며, 이때 생성된 1,4-치환된 트리아졸(triazole)과 1,5-치환된 트리아졸 생성물의 비율이 1:1로 선택적이지 않습니다(그림 4-7a). 하지만 황산 구리(I) 또는 아이오딘화 구리(I)를 촉매로 사용하면 알카인과 아자이드의 1,3-쌍극자 고리 첨가 반응의 활성화 에너지(activation energy)가 낮아져 반응 조건에 구애받지 않고 빠르게 원하는 1,4-치환된 트리아졸(triazole) 화합물만 선택적으로 높은 수율로 합성할 수 있습니다(그림 4-7b).

 클릭 화학을 만족하려면 반응에서 용매가 불필요하거나 생명체에 무해한 물을 사용해야 합니다. 특히 제약 산업을 비롯한 생물 직교 화학, 화학 생물학 연구 등은 살아있는 세포 내에서 화학반응을 통해 수행되므로 용매로서 물의 사용이 매우 중요합니다. 생물 직교 화학은 샤플리스, 멜달 교수가 개발한 CuAAC 반응이 구리 촉매의 활성산소종 양을 증가시켜 세포 독성을 일으키기에, 살아있는 세포에 적용할 수 없는 문제를 해결하고자 개발됐습니다. 특정 화학반응이 활성화 에너지가 커서 반응이 느릴 경우, CuAAC 반응의 구리 촉매와 같이 정촉매를 이용해 활성화 에너지 크기를 줄여 반응을 빠르게 할 수 있습니다.

 하지만 오직 이 방법만 있는 것은 아닌데, 반응물의 에너지 레벨 자체를 높인다면 활성화 에너지 크기는 감소하고, 따라서 반응을 빠르게 보낼 수 있습니다. 캐럴린 버토지 교수는 이러한 전략을 이용해 무리-촉진 아자이드-알카인 고리 첨가 반응(Strain-Promoted Azide-Alkyne Cycloaddition, SPAAC reaction)을 개발했고, 이에 대한 공로로 2022년 노벨 화학상을 샤플리스, 멜달 교수와 공동으로 수상했습니다. 그림 4-7c에서 사이클로옥타인(cyclooctyne) 내 삼중 결합에 참여한 두 탄소는 180도의 안정한 결합각을 원하지만, 고리 구조로 인해 180도를 갖지 못해 상당한 '고리 무리(ring strain)'가 발생하고, 따라서 에너지 레벨이 매우 높습니다.

이러한 이유로, 구리 촉매가 없더라도 사이클로옥타인과 아자이드는 빠르게 반응해 원하는 트리아졸 화합물을 생성할 수 있습니다. 이러한 SPAAC 반응은 세포 내 다른 생화학적 과정이나 생체 분자들과 어떠한 간섭 없이 진행돼 이를 '직교(orthogonal)' 한다고 설명합니다. 의학과 생화학, 분자생물학, 약물전달학 등 여러 분야에서 지대한 영향을 미치는 생물 직교 화학, 클릭 화학에 있어 용매로서 물의 사용은 앞서 설명한 것처럼 반응들이 생체 내에서 진행돼야 하기 때문에 불가피한 면이 있습니다. 그런데 많은 경우 유기용매에서보다 물에서의 반응이 더 빠른 것으로 밝혀지고 있습니다. 이는 앞서 딜스-알더 반응에서 설명한 소수성 효과로 설명할 수 있으며, 샤플리스 교수는 이를 이질성(heterogeneity)이란 용어를 도입해 설명했습니다.

이제껏 소개한 것처럼 물은 반드시 배제돼야 할 대상이기도, 이롭게 활용할 수 있는 특별한 물질이기도 합니다. 그러나 세상이 음과 양, 낮과 밤, N과 S 등 상반되는 극단으로 구분되듯이, 물질의 모든 특성을 이해하고 제어하려면 물에 대한 관점도 마찬가지여야 할 것입니다.

5.
생명 활동의 무대이자 연출자, 물

이준석 (한양대학교 화학과 교수)

H ———————— O ———————— H

 우리 몸의 약 70%가 물로 구성돼 있다는 말은 익숙할지 몰라도, 그 의미를 곱씹어보면 전혀 단순하지 않습니다. 이렇게 많은 양의 물은 과연 무슨 일을 하고 있을까요? 많은 사람은 물을 단지 갈증을 해소하거나 땀을 보충하는 용도로 생각하지만, 그것은 물의 역할 중 극히 일부일 뿐입니다. 실제로 물은 생명체 내부에서 단순히 '채워주는 재료'가 아니라, 복잡한 생화학반응이 일어나는 생명 활동의 무대이자, 그 무대를 섬세하게 조율하는 '연출자'입니다. 이 장에서는 물이 세포 균형과 완충, 체온조절, 에너지대사, 자기 조립 등에서 어떻게 핵심적인 역할을 하는지 살펴보고, 더 나아가 물과 생체분자 결합이 구조적으로 어떠한 영향을 미치는지 알아보려고 합니다.

물은 세포의 균형을 잡아주고 몸의 산도를 유지시킨다

우리 몸에는 근육세포와 신경세포, 면역세포, 상피세포 등 다양한 종류의 세포들이 존재합니다. 이 세포들은 각기 다른 외부 환경과 접하고 있으며, 그 환경에서 자신의 형태와 내부 상태를 일정하게 유지해야만 제 기능을 수행할 수 있습니다. 이러한 세포의 형태와 안정성을 유지하는 데 중요한 힘이 바로 삼투압입니다. 삼투압은 용질의 농도가 다른 두 용액 사이에 존재하는 물이 반투과성 막을 통과해 이동하려는 성질에 의해 발생하는 압력입니다. 따라서 물은 일반적으로 용질 농도가 낮은 쪽에서 높은 쪽으로 이동하려는 경향이 있으므로, 이 움직임을 막으려면 외부에서 가해져야 하는 삼투압이 필요합니다.

세포에는 세포의 경계를 이루며 필요한 물질만 선택적으로 통과시키는 반투과성 구조인 세포막이 있습니다. 만약 삼투압이 없다면, 물은 세포막을 통해 일방적으로 이동하게 돼 세포가 팽창하거나 수축하며 손상될 수 있습니다. 그러므로 세포 안팎의 용질 농도가 다르면, 물은 그 차이를 메우려고 이동하며 세포막을 기준으로 압력 균형을 형성할 수 있습니다. 이에 따라 세포는 터지지도, 쪼그라들지도 않고 적절한 형태와 부피를 유지할 수 있습니다. 이처럼 물은 생명체의 경계를 유지하고 균형을 맞추도록 합니다.

또한 소장에서는 음식물이 분해돼 포도당과 아미노산, 소듐 이온 같은 작은 분자로 바뀌면, 이들이 소장 벽을 따라 혈액으로 흡수되거나 신장에서 노폐물 배출 과정에서도 삼투압이 중요한 역할을 합니다. 예를 들면, 신장에서 물이 삼투압 차이에 따라 세뇨관 밖으로 이동하고 혈액으로 다시 흡수되는 과정을 통해 몸은 필요한 수분을 다시 흡수하고, 농축된 소변을 배출합니다.

우리 몸에서는 하루에도 수없이 많은 화학반응이 일어나며, 그 결과로 산성 물질인 수소 이온(H^+)이나 염기성 물질인 수산화 이온(OH^-)이 끊임없이 생겨납니다. 예를 들면, 세포 호흡 과정에서 나오는 이산화 탄소(CO_2)는 물과 반응해 탄산(H_2CO_3)을 만들고, 이는 다시 수소 이온을 방출하며 산도를 높입니다. 반면, 단백질 대사에서는 암모니아와 같은 염기성 부산물이 생성되기도 합니다.

이런 상반된 작용들이 동시에 일어나면서, 우리 몸은 항상 산도(pH)가 쉽게 변할 수 있는 위태로운 환경에 놓여있습니다. 그럼에도 불구하고, 혈액과 세포 내의 pH는 놀랍게도 거의 일정하게 약 7.35~7.45로 유지됩니다. 이 좁은 범위를 벗어나면, 효소 기능 저하나 대사 이상, 세포 손상 등의 문제로 생명 유지가 어렵습니다.

그렇다면 어떻게 이 균형이 가능할까요? 그 핵심에는 바로 물이 완충작용(buffering)을 가능하게 하기 때문입니다. 순수한 물은 25℃에서 다음과 같은 반응을 통해 수소 이온과 수산화 이온으로 아주 약하게 이온화될 수 있습니다.

$$H_2O \rightleftarrows H^+ + OH^-$$

물 10^9분자 중에서 약 두 개의 분자 정도만이 가역적으로 이온화된다고 알려져 있을 정도로 매우 미약한 반응이지만, 이 미세한 반응이 생체 내 pH 조절에 중대한 기여를 합니다. 즉, 외부에서 산성 물질이 유입되면 수산화 이온과 결합해 중화시키고, 염기성 물질이 유입되면 수소 이온과 결합해 균형을 맞춥니다.

이러한 수소 이온의 농도 조절은 단순히 pH 숫자를 일정하게 유지하는 것 이상으로 중요합니다. 생명 유지에 필수적인 효소 작용, 단백질의 구조 유지, DNA 복제, 신경 전달, 근육 수축 등 거의 모든 생화학반응은 특정한 pH 범위에서만 안정적으로 작동하기 때문입니다. 특히 세포 안팎의 환경에서 pH의 변화가 생기면, 효소의 입체 구조가 변형돼 기능을 잃거나, 대사 흐름 자체가 멈출 수 있습니다. 극단적인 경우, pH가 6.8 이하 또는 7.8 이상으로 벗어나면 생명 유지 자체가 불가능해집니다.

흥미로운 점은, 암세포는 정상 세포보다 더 산성화된 환경에서 잘 자라는 경향이 있다는 것입니다. 암세포는 활발한 해당작용(glycolysis)을 통해 많은 양의 젖산을 생성하고, 주변 환경의 pH를 낮춰 면역세포나 정상 세포의 기능을 억제합니다. 이러한 극단적인 pH 변화가 가능함에도 불구하고, 우리 몸은 여전히 생물학적 기능을 유지할 수 있습니다. 그 이유는 물의 완충 능력이 세포 외부 환경이 일정 농도 이상으로 산성화되는 것을 지연시키고 완화하기 때문입니다. 즉, 물은 암세포의 대사 과정이 만들어내는 극단적 조건 속에서도 일정한 범위의 생리 기능을 유지할 수 있도록 조절자 역할을 합니다.

물은 몸의 온도를 조절하고 에너지를 만든다

우리 몸의 놀라운 특징 중 하나는, 외부 환경이 더워지거나 추워져도 내부 체온을 일정하게 유지할 수 있다는 점입니다. 이러한 생리적 안정성은 생명 유지에 필수적입니다. 왜냐하면 대부분의 생화학반응, 특히 효소의 작용은 매우 좁은 온도 범위 내에서만 효율적으로 일어나기 때문입니다. 그리고 이 정밀한 체온 조절 시스템의 중심에는 바로 물이 있습니다.

물은 체온을 조절하는 데 없어서는 안 될 존재입니다. 물이 지닌 가장 독특한 성질 중 하나는 비열이 매우 높다는 점입니다. 이는 1g의 물의 온도를 1℃ 올리려면 많은 에너지가 필요하는 뜻으로, 대부분의 다른 용매에 비해 물은 열을 천천히 흡수하거나 방출합니다. 이러한 특성 덕분에 물은 탁월한 열 완충재로 작용합니다. 외부 온도가 급격히 변하더라도, 우리 몸속 세포와 조직에 존재하는 물은 체온의 급격한 변화를 막아줍니다. 물은 열을 저장하고 조절하는 능력으로 다양한 환경에서도 생명이 살아갈 수 있는 조건을 만들어줍니다.

그뿐만 아니라, 물은 단지 열을 저장하는 데 그치지 않고 능동적인 체온조절 기능도 수행합니다. 예를 들어, 운동이나 고온 환경에서 체열이 축적되면, 땀샘을 통해 땀이 분비되고, 수분이 피부에서 증발하면서 증발 냉각(evaporative cooling)이 발생합니다. 이 과정은 체내의 과도한 열을 효과적으로 방출해 체온을 떨어뜨리는 생리적 냉각 메커니즘입니다.

또한 대부분 물로 이뤄진 혈액순환을 통해 체내에서 발생한 열을 손발 같은 말단까지 분산시켜 전체적인 온도 균형을 유지합니다. 이처럼 물은 단순히 체내에 존재하는 용매가 아니라, 생화학적으로 열을 저장하고 분산하며 배출하는 정밀한 온도 조절 장치 기능을 가집니다. 물이 있어서 우리 몸은 항상성을 유지하며, 다양한 환경에서도 생명을 안정적으로 유지할 수 있는 것입니다.

물은 또 에너지를 만드는 화학반응에도 직접 참여합니다. 우리가 음식을 통해 섭취한 영양소(탄수화물·지방·단백질)는 세포 내에서 일련의 대사 과정을 통해 분해됩니다. 이 과정의 최종 산물 중 하나가 바로 아데노신삼인산(adenosine triphosphate, ATP)입니다. ATP는 생명체의 화학적 에너지 저장고로, 거의 모든 생물학적 반응에 필요한 에너지를 공급해줍니다. 그런데 이 ATP가 실제 에너지로 전환되려면 반드시 가수분해 과정을 거쳐야 합니다. 이 반응에서 물 분자는 단순한 주변 환경이 아니라, 화학반응의 핵심 반응물로 작용합니다. ATP는 물과 반응해 아데노신이인산(ADP)과 무기 인산(P_i)으로 분해되고, 이때 방출되는 에너지가 바로 세포 내 다양한 생명 활동(예, 근육 수축, 이온 펌프 작동, 신경 전달, 생합성 반응)에 사용됩니다. 이 반응의 화학식은 다음과 같이 나타낼 수 있습니다.

$$ATP + H_2O \rightarrow ADP + P_i + Energy(\Delta G^{\circ'} \approx -30.5 kJ/mol)$$

이 반응은 표준 자유 에너지 변화가 약 $-30.5 kJ/mol$로 발열 반응이며, 자연 발생적으로 일어나는 방향입니다. 생체 조건에서는 이 값이 더 크거나 환경에 따라 달라지지만, 열역학적으로 매우 유리한 반응입니다. 여기서 물은 단순히 주변에서 반응을 돕는 존재가 아니라, 화학적 공격자로서 ATP의 결합을 직접 끊는 데 참여합니다. ATP 분자의 고에너지 결합(특히 인산 결합)에 대해, 물 분자의 산소 원자가 전자쌍을 제공해 인산 결합을 공격하고, 이를 끊어 ADP와 무기 인산으로 분해합니다. 이 과정에서 방출되는 에너지가 다양한 생명 반응에 사용됩니다. ATP의 가수분해는 생체 내 거의 모든 에너지 기반 반응의 원동력입니다.

예를 들면, 미오신이 ATP를 분해하면서 힘을 발생시키면 근육 수축이 일어납니다. 이온 펌프 작용으로 소듐-포타슘 펌프가 ATP를 분해해 이온 농도 차이를 유지합니다. 또 신경 전달에서는 뉴런에서 시냅스 소포가 융합할 때 ATP의 에너지가 필요하며, 단백질 합성 시 리보솜에서 아미노산을 연결하는 데 ATP가 관여합니다. 이처럼 ATP 가수분해는 생명 활동 전반에 걸쳐 에너지 연료로 작용하며, 이 반응은 물 없이는 불가능합니다. 흥미롭게도 이 반응은 단방향만이 아닙니다. 생체 내에서는 ADP와 무기 인산을 다시 결합시켜 ATP를 합성하는 탈수 축합 반응(dehydration condensation)도 지속적으로 일어납니다.

$$ADP + P_i \rightarrow ATP + H_2O$$

이 반응은 물이 생성되는 반응이며, 에너지를 소모해 ATP를 다시 충전하는 과정입니다. 예를 들어, 미토콘드리아 내의 산화적 인산화, 해당 과정 중 기질 수준 인산화, 광합성 중 광인산화 등의 과정에서 ATP가 재생성되며, 이때 물은 반응의 생성물로 존재하면서 에너지 회로의 또 다른 축을 담당합니다. 즉, 물은 ATP가 에너지로 변환될 때는 소모되는 반응물, ATP가 재합성될 때는 형성되는 생성물로 작용합니다. 이런 면에서 물은 에너지대사의 한쪽에만 관여하는 것이 아니라, 생명체의 에너지 흐름을 양방향으로 조절하는 핵심 축이라고 볼 수 있습니다.

ATP 가수분해 반응은 매우 빠르게 일어나는데, 세포 내에서는 ATP에이스(ATPase)라는 효소가 이 반응을 촉진합니다. ATP에이스는 물 분자가 ATP의 결합 부위를 정확하게 공격할 수 있도록 입체적인 환경을 제공하고, 반응 경로를 열역학적으로 안정화합니다. 이는 물과 효소가 함께 작동해 세포 수준에서 에너지를 정밀하게 조절하는 협력 시스템을 이룬다는 것을 보여줍니다.

물의 놀라운 메커니즘, 자기 조립

이처럼 물은 세포의 형태를 유지하고, 에너지를 만들며, 화학적 균형을 지키고, 체온을 조절하는 데까지 관여합니다. 하지만 진짜 이야기하고 싶은 건 지금부터입니다. 물은 이 모든 것을 가능하게 할 뿐만 아니라, 생체분자들이 외부의 지시 없이 구조를 스스로 만들고 기능을 갖도록 설계된 무대를 제공합니다. 그 대표적인 현상이 바로 자기 조립(self-assembly)입니다. 자기 조립이란 분자들이 외부의 명령이나 기계적 개입 없이, 스스로 정렬되고 구조를 형성하는 과정을 의미합니다. 물에서 일어나는 자기 조립은 생명 시스템의 가장 정교하고 아름다운 특징 중 하나라고 생각합니다. 그리고 이 자기 조립이 바로, 우리 몸이 항상성을 유지하며 건강하게 살아갈 수 있도록 만들어주는 본질적인 메커니즘입니다.

그러기에는 생체 내에 어떤 분자들이 무엇이 자기 조립되는지를 먼저 살펴보겠습니다. 우리 몸에서 아미노산과 핵산, 지질과 같은 탄소 기반 생체분자들이 생명의 기초 구성 요소로 작용합니다. 이들 분자는 단순히 존재하는 것이 아니라, 자기 조립을 통해 복잡한 생체 구조를 형성합니다.

아미노산은 펩타이드 결합으로 연결돼 폴리펩타이드 사슬을 만들고, 이 사슬은 정밀한 3차원 구조로 접혀 효소와 수송 단백질, 항체, 세포골격 단백질 등의 다양한 기능성 단백질이 됩니다. 지질은 이중층 막 구조를 형성하고, 이는 세포의 경계를 이루며, 생명 유지의 기반이 됩니다. 또한 에너지를 저장하려고 지질 방울이라는 구조를 형성하기도 합니다. 지질 방울은 중성 지질로 이뤄진 코어를 가지며, 단일층의 인지질로 둘러싸여 있습니다.

이처럼 펩타이드나 지질과 같은 분자들은 대부분 양친매성(amphipathic)이라는 특성을 지닙니다. 이는 한 분자 안에 친수성과 소수성이 동시에 존재한다는 뜻입니다. 이러한 양친매성 분자가 우리 몸에 대부분을 차지하는 물에 들어가면, 주변의 물 분자들이 매우 특별한 방식으로 반응합니다. 친수성 부분과는 수소결합을 통해 안정된 상호작용을 이루지만, 소수성 부분과는 상호작용하지 못하거든요. 대신 물 분자들은 이 소수성 부분을 정렬된 구조로 둘러싸며 마치 새장(cage)처럼 감쌉니다.

하지만 이렇게 질서 정연하게 배열된 물 분자들은 전체 시스템의 자유도를 감소시킵니다. 즉, 엔트로피(무질서도)가 줄어들어 에너지적으로 불리한 상태가 됩니다. 자연은 언제나 에너지를 최소화하고 엔트로피를 최대화하는 방향으로 움직이려 하므로 물속의 소수성 분자들은 서로 뭉쳐 물과의 접촉 면적을 줄이는 방향으로 구조를 형성합니다. 이 현상이 바로 소수성 효과이며, 자기 조립이 일어나는 출발점이 됩니다.

이 과정에서 형성되는 대표적인 구조가 바로 마이셀입니다. 마치 비누와 같은 구조를 가진 지질 분자들이 물속에서 머리 부분(친수성)은 바깥으로, 꼬리 부분(소수성)은 안쪽으로 향해 공 모양의 구조체를 스스로 만들어내는 것인데요. 마이셀은 단순한 분자 배열을 넘어서 세포막의 기본 단위이며 생명 시스템을 구성하는 핵심 구조입니다. 물 없이는 결코 형성될 수 없으며, 물이 있어야만 안정화되는 것이죠.

단백질의 구조 또한 마찬가지입니다. 단백질이 기능을 수행하려면 반드시 정확한 3차 구조로 접혀야 합니다. 이때 소수성 아미노산들은 단백질 내부로, 친수성 아미노산은 외부로 향하도록 배열됩니다. 이런 접힘(folding) 역시 물과의 관계에서 비롯된 자연스러운 구조를 형성하는 과정입니다. 효소는 대부분 구형으로 이뤄진 단백질 구조를 형성하는데요. 이렇게 물과 친한 아미노산이 외부로 향하기 때문에 구형을 유지할 수 있습니다. 단백질이 접히고 세포막이 형성되며 효소가 반응 부위를 감싸는 모든 과정은 결국 물의 보이지 않는 개입으로 이뤄집니다.

올바른 자기 조립은 우리 몸이 항상성을 유지하면서 건강한 삶을 살 수 있도록 해주지만, 자기 조립이 항상 완벽하게 작동하

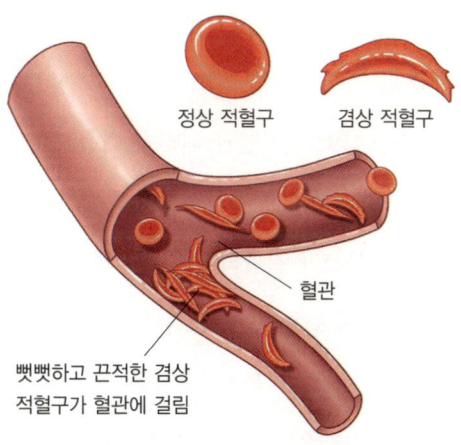

그림 5-1
겸상 적혈구 빈혈증.

는 것은 아닙니다. 아주 작은 오류만 있어도 구조적 이상이 생기고, 이는 곧 질병으로 이어질 수 있습니다. 그 대표적인 예가 바로 겸상 적혈구 빈혈증(sickle cell anemia)입니다.

정상적인 헤모글로빈은 도넛 모양이고, 적혈구의 주요 성분으로 폐에서 온몸의 조직으로 산소를 운반하며, 조직에서 생성된 이산화 탄소를 다시 폐로 옮겨 배출하는 데 중요한 역할을 합니다. 헤모글로빈의 구조를 살펴보면 574개의 아미노산으로 이뤄진 네 개의 폴리펩타이드 사슬(두 개의 알파 사슬과 두 개의 베타 사슬)로 이뤄진 4양체(tetramer) 단백질이며, 각 사슬에는 산소 분자가 결합할 수 있는 철(Fe^{2+}) 이온을 포함한 헴(heme) 그룹이 내장돼 있습니다.

이 4양체 구조는 산소의 결합과 해리를 협동적으로 조절하며, 이는 폐에서 조직으로 산소를 효과적으로 운반하는 데 필수적입니다. 혈액 내에서 산소가 결합하면 단백질의 구조가 변해 산소 결합 친화도가 높아지며, 이는 수용액 환경에서의 정밀한 상호작용과 물에 의한 안정성 덕분에 가능합니다. 헤모글로빈의 구조를 위해서는 아미노산의 1차 서열이 물 그리고 각자의 상호작용으로 구조를 유지합니다.

겸형 적혈구 빈혈증은 유연한 도넛 모양의 적혈구가 낫 모양으로 변형되며, 말초 혈관을 막고 산소 운반 기능을 저하시켜 심각한 빈혈과 합병증을 유발하는 유전 질환입니다. 그 원인을 살펴보면, 총 574개의 아미노산으로 이뤄져 있는 헤모글로빈의 베타 사슬에서 여섯 번째 아미노산인 글루탐산(Glutamic acid)이 발린(Valine)으로 치환되면서 생기는 구조적 문제입니다.

우리 몸의 단백질은 20개의 아미노산이 각기 특성이 있습니다. 글루탐산은 곁사슬에 카복실기가 있어서 극성을 띠고 수용성이 높아 친수성을 지닙니다. 하지만 발린은 곁사슬에 알킬 그룹이 있어서 비극성이므로 수용성이 낮아 소수성을 지닙니다. 이렇게 574개의 아미노산 중에 단지 물과 친화적인 하나의 아미노산이 물을 회피하려는 성질의 아미노산으로 바뀌었을 뿐인데, 저산소 환경에서 비정상적인 소수성 응집이 일어나고, 이는 단백질 자체가 서로 달라붙어 섬유 형태를 이루며, 적혈구의 형태를 비정상적으로 변화시키는 질병의 직접적 원인이 됩니다.

물은 생명의 본질을 결정한다

이러한 관점에서 보면, 생체분자들이 물에서 어떻게 행동하는지는 매우 중요합니다. 우리 뇌에는 베타아밀로이드(amyloid-β, Aβ)라는 길이 40~42개의 아미노산으로 이뤄진 펩타이드가 존재합니다. 이 펩타이드는 정상 상태에서는 물에 잘 녹는 단백질 단량체(monomer)로 존재하지만, 농도가 짙어지면 자기 조립을 통해 급격히 구조가 변하면서 크로스-베타(cross-β) 구조의 불용성 아밀로이드 섬유(fibril)로 성장합니다. 이 섬유는 피부처럼 일정한 형태를 이루며, 물에 녹지 않아 뇌 조직 사이에 아밀로이드 플라크(plaque)를 형성합니다. 이 불용성 섬유는 뇌 신경세포 사이에 축적돼 신경 회로를 파괴해 시냅스 기능 저하와 인지능력 감소 등을 일으키며, 알츠하이머병의 진행을 촉진한다고 알려져 있습니다.

아직까지 알츠하이머병의 치료 약이 개발되지 않은 상황에서 많은 연구자가 이 베타아밀로이드 펩타이드를 다양하게 연구해 왔습니다. 이러한 섬유 형태가 구조적인 역할을 하는 특정 펩타이드를 치료 약으로 개발하는 연구가 유행일 때, 이스라엘의 에후드 가짓 교수는 42개의 아미노산 중 19·20번째 아미노산인 두 개의 페닐알라닌이 결합된 다이페닐알라닌(diphenylalanine, FF)으로 새로운 연구 결과를 발표했습니다. 이 펩타이드는 소수성인 벤질기를 가지는 페닐알라닌이 서로 펩타이드 결합으로 합쳐진 단순한 다이펩타이드이지만, 물에서는 극적인 변신을 합니다. 수용액 환경에서 다이페닐알라닌은 스스로 모여 육각형 단면의 나노튜브를 형성합니다. 이는 소수성 방향족 고리들 간의 $\pi-\pi$ 상호작용, 펩타이드 골격의 수소결합 그리고 물 분자들과의 정렬이 복합적으로 작용한 결과입니다. 생체분자로 만들어진 이 나노튜브는 바이오센서, 약물 전달, 에너지 소자에 활용될 만큼 구조적 정밀성과 안정성을 갖습니다.

하지만 같은 다이페닐알라닌을 수분이 없는 고온 건조 환경에 두면 상황은 달라집니다. 270℃의 높은 온도로 펩타이드를 가열하면 수분이 제거되면서, 펩타이드는 사이클로-다이페닐알라닌(cyclo-FF)이라는 환형 구조로 화학적으로 전환되며 전혀 다른 결정구조를 갖는 나노와이어를 형성합니다. 이 구조는 사방정계

NH₂–DAEFRHDSGYEVHHQKLV**FF**AEDVGSNKGAIIGLMVGGVVIA–COOH
 1   10   19, 20   30   40 42

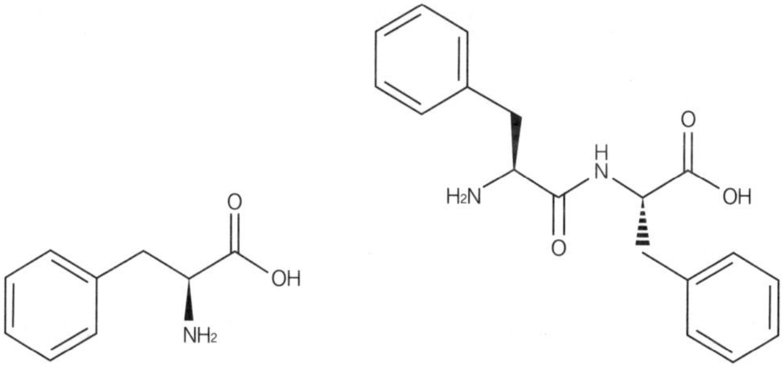

그림 5-2
베타아밀로이드 펩타이드의 서열과 페닐알라닌(Phe, F), 다이페닐알라닌(Phe-Phe, FF)의 분자구조.

(orthorhombic) 결정구조를 가지며, 물에서 형성된 다이페닐알라닌 나노튜브의 6방정계(hexagonal)의 대칭성과 완전히 다른 구조를 가집니다. 놀랍게도 단지 물의 존재 유무와 환경의 변화만으로도, 같은 펩타이드가 서로 다른 결정과 성질을 가지는 물질로 변했습니다.

결국, 우리가 살아갈 수 있는 이유는 단지 DNA나 단백질이라는 생체분자가 존재하기 때문만이 아닙니다. 이들 분자가 물과 어떻게 상호작용 하느냐가 생명의 본질을 결정합니다. 물은 단순한 배경 용매가 아니라, 생명의 촉매이자 구조의 설계자이며 균형의 수호자입니다. 펩타이드의 접힘이나 단백질 복합체의 형성과 같은 분자의 자기 조립 과정 중심에는 항상 물이 있습니다. 물은 반응이 일어나는 공간을 제공하고, 비공유 결합 상호작용을 유도하며, 최종 구조를 안정화합니다. 물이 없다면 아무리 정교한 분자구조라 하더라도 생물학적으로 기능하지 못하는 비활성 상태에 머물 수밖에 없습니다. 정리해보자면, 물이 이러한 분자 행동을 어떻게 매개하는지를 이해하는 것은 곧 생명의 리듬 자체를 이해하는 것이며, 생화학의 핵심 원리를 이해하는 길이라 할 수 있습니다.

6.

에너지를 가득 담은 보물창고, 물

김정민(부산대학교 화학교육과 교수)

H ——————— O ——————— H

"물을 아껴 씁시다."

누구나 한 번쯤은 접해본 일상 속 캠페인입니다. 상하수도 시설이 잘 구축돼 있는 21세기 대한민국에서 태어나고 자란 우리는 물의 소중함을 쉽게 체감하기 어려울 수 있습니다. 물은 수도꼭지를 틀기만 하면 나오니까요. 하지만 모두 잘 알듯이, 우리는 물이 없으면 생명을 유지할 수 없습니다. 이런 점에서 물은 현대문명을 지탱하는 석유만큼이나 중요한 역할을 하고, 그 가치는 더없이 중요합니다.

수돗물 한 컵에는 얼마나 많은 에너지가 숨어있을까

지구 표면의 약 70%는 강과 바다를 통해 물로 덮여있고, 전체 물의 양은 약 10^{21}리터에 달합니다. 아쉽게도 이 중 대부분은 염분을 포함한 바닷물이어서 우리가 직접 마실 수는 없습니다. 또한 담수 중 상당 부분은 극지방의 빙하나 깊은 지하에 갇혀있어 접근이 제한됩니다. 실제로 우리가 생활에 이용하고 마실 수 있는 깨끗한 담수는 지구 전체 물의 고작 1%도 되지 않는 것이 현실입니다. 그뿐 아니라, 사용이 가능한 물 자원의 분포도 매우 불균형합니다. 특정 지역에서는 강과 호수가 풍부해 물을 쉽게 얻을 수 있지만, 일부 지역에서는 지속적인 가뭄과 부족한 지하수로 인해 심각한 물 부족 사태와 생존의 위기를 겪고 있습니다.

여러분, 굉장히 익숙하지 않나요? 이것은 마치 우리가 사용하는 석유 자원의 분포와 비슷합니다. 우리가 익히 아는 것처럼 석유는 서아시아 지역이나 미국 텍사스 등 지구의 극히 일부 지역에만 존재합니다. 물도 마찬가지입니다. 깨끗한 담수도 지리적 조건에 따라 접근성이 아주 크게 달라질 수 있는 것입니다.

눈에 보이지 않을 뿐, 수도꼭지를 틀기 전까지 물이 지나온 여정은 결코 짧거나 단순하지 않습니다. 특히 그 과정에는 많은 에너지가 쓰입니다. 물은 강이나 호수 혹은 깊은 지하에서 퍼 올려야 하고, 이때 거대한 펌프를 돌리려면 전기가 필요합니다. 퍼 올려진 물은 정수 처리장을 거치며 여과, 침전, 소독 등 다양한 물리화학적 과정을 거치며 깨끗하게 정제됩니다.

이렇게 준비된 깨끗한 물은 다시 수많은 관을 따라 가정과 학교 등으로 전달되는데, 이 송수 과정 또한 많은 에너지를 소비합니다. 즉, 우리가 물을 쓰는 그 짧은 순간을 위해 많은 기계가 몇 시간, 혹은 며칠간 에너지를 소비하며 움직이는 셈입니다. 사용한 물도 마찬가지입니다. 하수도 시스템을 통해 이동한 물은 다시 정화 과정을 거쳐야 합니다. 때로는 하천이나 바다로 방류되기까지 다시금 에너지와 시간이 필요합니다. 즉, 물은 흐르기만 해도 에너지를 소비합니다. 우리가 틀고 잠그는 수도꼭지는 단지 물을 흐르게 하는 장치가 아니라, 눈에 보이지 않는 에너지 흐름의 끝자락이기도 한 것이죠.

이처럼 '물을 쓰려고 쓰는 에너지'는 의외로 매우 큽니다. 예를 들어, 미국 캘리포니아주는 전체 전력 소비의 약 20%를 물 관련 시스템에 직간접적으로 사용한다고 합니다. 이 수치는 단지 물이 부족한 지역에만 해당하는 것이 아니라, 우리가 살아가는 모든 지역에서 물과 에너지가 얼마나 밀접하게 연결돼 있는지를 보여줍니다. 특히 담수화 설비가 필요한 지역에서는 에너지 소비량이 더 많이 늡니다.

바로 뒤에 살펴볼 해수 담수화는 바닷물의 염분을 제거해 깨끗한 물로 바꾸는 과정인데, 이를 위해 높은 압력을 가하거나 물을 가열해야 하므로 많은 에너지가 필요합니다. 역삼투 방식만 하더라도 1톤의 물을 정수하는 데 약 3~6kWh가 필요합니다. 이는 냉장고 한 대가 하루 이틀 정도 동안 소비하는 전력과 비슷한 수준입니다. 물은 곧 '보이지 않는 에너지의 그림자'를 품고 있는 셈입니다.

그럼 어떻게 하면 모두가 더 쉽고 값싸게 깨끗한 물을 사용할 수 있을까요? 인간은 언제나 방법을 찾아냅니다. 바닷물조차 마실 수 있도록 만드는 기술, 바로 해수 담수화입니다. 해수 담수화는 바닷물에서 염분과 불순물을 제거해 깨끗한 물을 얻는 과정입니다. 주로 증발법과 역삼투법이 사용되며, 각각 열에너지와 압력을 활용하는 방식입니다. 증발법은 흔히 우리가 떠올리는 민물을 얻는 생존 기술처럼 바닷물을 가열해 수증기로 만들고, 냉각을 통해 액체 형태로 응축시켜 담수로 전환하는 방식입니다. 단순히 물을 끓이고 식히면 완료되는 것으로 생각하기 쉽지만, 에너지 관점에서는 이야기가 달라집니다. 물 1kg이 수증기로 변할 때 무려 2,260kJ의 에너지(기화열)가 필요하기 때문입니다.

반면, 역삼투법은 반투막을 이용해 높은 압력으로 물 분자만 통과시키고 염화 나트륨(NaCl)을 비롯한 이온을 걸러내는 방식입니다. 증발법보다 적은 에너지(약 3~6kWh/m^3)를 사용해 효율적이며, 현재 가장 많이 사용되는 담수화 기술입니다. 하지만 여전히 대규모로 깨끗한 물을 공급하려면 많은 에너지가 필요하고, 그만큼 효율도 높아져야 합니다.

게다가 담수화 과정에는 환경적인 고려도 필요합니다. 역삼투법에서는 담수를 걸러내고 남은 고농도의 염수(Brine)가 바다로 배출되는데, 이는 해양 생태계에 악영향을 줄 수 있습니다. 또한 담수화에는 많은 에너지가 필요하므로, 최근에는 태양광이나 풍력을 비롯한 재생에너지를 활용하는 신기술 개발이 이뤄지고 있습니다. 에너지 소비를 줄이고 환경 영향을 최소화하려고 나노여과막이나 전기투석과 같은 새로운 방법도 계속 연구되고 있습니다. 해수 담수화는 깨끗한 물을 공급하는 중요한 기술이지만, 지속 가능성을 고려한 신중한 접근이 필요합니다.

지구상의 물은 대기나 강, 바다를 순환하며 자연적으로 재생됩니다. 태양열을 흡수한 바닷물은, 우리가 주전자로 물을 끓이는 것처럼, 증발해 수증기로 변합니다. 이 과정에서 해수의 열에너지가 대기로 전달되며, 공기 중에 수분이 축적되죠. 증발된 수증기는 상승하는 공기와 함께 냉각돼 응결되며 구름을 형성합니다. 이후 구름 속의 물방울들이 점점 커지다가 무거워져 비로 내리면서 지구의 물 순환이 완성됩니다. 이런 물의 순환은 단순한 물 이동을 넘어서 지구의 기후와 생태계를 조절하는 중요한 역할을 합니다. 대기 중의 수증기는 온실효과에 영향을 미치며, 강수량의 변화는 지역 생태계와 인류 생활에 직접적인 영향을 줍니다.

그러면 눈을 돌려 드넓은 바다를 살펴볼까요? 지구 표면의 대부분을 덮고 있는 바다는 단지 물 저장소가 아니라, 지구 기후를 조절하는 중요한 '보이지 않는 조절자'이기도 합니다. 대기 중 이산화 탄소(CO_2)는 바닷물에 녹아 들어가 자연스럽게 거대한 탄소 순환 과정에 참여하며, 이 과정은 지구 온난화를 늦추는 데 도움을 줍니다. 하지만 바다의 능력은 무한하지 않습니다. 최근 연구에 따르면, 해양 온도가 상승함에 따라 바다가 이산화 탄소를 흡수하는 능력이 점차 줄어들 가능성이 있다는 우려가 제기되고 있습니다. 이 경우, 대기 중 이산화 탄소 농도는 더 빠르게 증가하고, 기후변화는 더 급격하게 진행될 수 있습니다. 즉, 바다는 우리가 어떻게 관리하고 보존하느냐에 따라, 기후변화의 가속 또는 완화에 직접적인 영향을 미칠 수 있는 것입니다.

이산화 탄소가 바다에 흡수되면 화학적인 변화($CO_2(g) + H_2O(l) \rightleftarrows H_2CO_3(aq)$)를 겪어 탄산을 만들어내, 바다의 산성도가 점차 높아집니다. 이를 '해양 산성화'라고 부르며, 해양 생태계에 큰 영향을 미칩니다. 산호초나 조개류 등 해양 생물들의 뼈대를 형성하는 탄산 칼슘 구조는 산성 환경에서 쉽게 녹아 약해지고, 이로 인해 생존 및 성장에 어려움을 겪게 됩니다.

예를 들어, 산호초는 다양한 해양 생물이 살아가는 집이자 건강한 생태계의 핵심인데, 산성화로 인해 성장 속도가 느려지고 쉽게 파괴됩니다. 조개나 멍게, 미세 플랑크톤과 같은 작은 해양 생물들도 영향을 받아, 결국 바다 먹이사슬 전체가 흔들릴 수 있습니다. 이 변화는 어업과 식량 공급에도 영향을 미칠 수 있기 때문에, 단지 바다만의 문제가 아니라 인류 전체의 문제이기도 합니다.

바다는 탄소만이 아니라, 엄청난 에너지를 품은 공간입니다. 파도와 해류, 조수 간만의 차이를 활용한 해양 에너지는 화석연료를 대체할 신재생 에너지원으로 주목받고 있습니다. 예를 들어, 조류발전은 밀물과 썰물의 흐름을 이용해 전기를 만들고, 파력발전은 파도의 움직임을 활용합니다. 또한 따뜻한 표층수와 차가운 깊은 바닷물 간의 온도 차이를 이용한 해양 온도차발전도 연구되고 있습니다. 결국 바다는 '탄소를 저장하는 저수지'이자 '미래 에너지를 품은 공간' 그리고 '지구를 조절하는 보이지 않는 엔진'인 셈입니다.

물이 흐르는 곳에 에너지가 있다

 이렇듯 물은 자연의 일부로 항상 인간의 일상 가까이에 존재해왔습니다. 더욱이 인류 문명의 발전과도 떼려야 뗄 수 없는 관계를 맺고 있습니다. 현재 인류 문명은 전기에너지를 기반으로 이뤄져 있습니다. "에너지는 보존된다."라는 말을 들어보셨을 겁니다. 그러면 우리가 쓰는 이 많은 전기는 어디서 오는 걸까요?

 요즘 기후 위기와 관련해 탄소 중립 등 다양한 캠페인을 들어보셨을 듯합니다. 현대 문명이 발전할수록 화석 에너지 의존도가 높아지고, 에너지 사용량의 증가에 따라 기후/환경 위기가 도래했습니다. 물과 에너지, 얼핏 보기에는 연관성이 높이 보이지 않습니다. 사실, 기후/환경 위기를 극복하려고 물의 중요성이 더욱 증가하고 있습니다. 물을 활용한 에너지 생성 및 변환에 대해서 알아볼까요?

 인간은 아주 옛날부터 물이 힘든 일을 대신하도록 하는 것에 아주 익숙했습니다. 인간의 근육으로 할 수 있는 일의 크기와 양은 한계가 뚜렷합니다. 그래서 더 많은 사람을 모아 큰 물체를 옮기기도 했지만, 점점 더 효율적인 방법을 찾았습니다. 그렇게 해서 등장한 대표적인 예가 바로 물레방아입니다. 높은 산에 있는 물은 중력에 의해 낮은 곳으로 흐르게 되고, 이때 물은 위치

에너지 차이만큼의 운동에너지를 얻습니다. 이렇게 흐르는 물의 운동에너지는 커다란 물레방아를 돌리고, 인간의 노동력을 대신해 다양한 일을 합니다. 예를 들어, 곡식을 빻거나 물을 끌어 올리는 데 사용됐죠. 이렇게 자연의 힘을 이용한 기계는 산업혁명으로 증기기관이 개발되기 전까지 오랫동안 중요한 동력원 가운데 하나였습니다. 인간이 물과 중력을 이용해서 에너지를 만들어낸 아주 오래된 방식인 셈입니다.

후버댐, 한번은 들어보셨죠? 1930년대 대공황 시기에 미국 루스벨트 대통령의 진두지휘하에 만든 거대한 댐입니다. 댐은 가뭄이나 홍수와 같은 자연재해로부터 우리를 지켜줍니다. 또한 높은 위치에 건설된 댐은 물을 낮은 위치로 이동시키면서 에너지를 생산합니다. 이때 물은 떨어지면서 '위치에너지'를 '운동에너지'로 바꾸고, 이 에너지를 이용해 전기를 만들 수 있습니다. 후버댐은 하루 약 1,200만kWh 정도의 전력 에너지를 생산합니다. 우리나라에서 가장 큰 소양댐은 하루 평균 약 100만kWh의 전력을 생산합니다.

기본적인 원리는 물이 위에서 아래로 흐르면서 저장된 위치에너지를 운동에너지로 바꾸는 것입니다. 그리고 이 운동에너지는 '터빈'이라는 회전 장치를 돌립니다. 터빈에는 자석이 달려있고, 이 자석이 회전하면서 주변의 코일과 상호작용을 해 전기를 만들어내는 원리가 바로 '전자기 유도'입니다. 흥미롭게도 오늘날의 수력발전소도 기본 원리는 물레방아와 비슷합니다. 흐르는 물이 터빈을 돌리는 방식은 과거 물레방아가 회전하던 원리와 크게 다르지 않죠.

증기기관의 발명은 거대한 설비가 필요했던 수력발전에 비해 더욱 편리하게 에너지 전환이 가능하게 했습니다. 이름부터 '증기'가 들어있는 이 기계는 여러분이 익히 들어봤을 산업혁명 시기에 개발돼 널리 쓰이게 된 엔진입니다. 이 기관의 핵심 작동 원리는 주전자처럼 물을 데워서 수증기를 만드는 것인데요. 수증기는 피스톤을 밀면서 마차나 기차를 움직이게 하고, 공장의 거대한 기계를 움직이게 하는 '일'을 합니다. 즉, 증기기관은 열에너지를 기계적 에너지로 변환하는 기계인 것입니다.

그러면 여러분이 영화나 책에서 보았던 그 많은 석탄은 어디에 쓰인 걸까요? 바로 물을 데워 수증기를 만드는 데 쓰이는 것입니다. 즉, 화석연료를 활용해서 열에너지를 증기기관에 제공하고, 우리는 '유용한' 일을 얻습니다. 이런 에너지 변환 과정이 증기기관의 핵심입니다. 따라서 에너지 변환 효율이 높은 기관이 좋은 기관인 겁니다.

그러면 우리나라 에너지 생산의 대부분을 차지하는 화력발전은 어떨까요? 마찬가지로 물이 가장 중요합니다. 증기기관에서 물을 데워 수증기를 만들어야 했는데요. 화력발전소도 마찬가지로 보일러, 즉 수증기 생산을 통해 터빈을 돌려 전기를 생산합니다. 석탄이나 석유, 천연가스 같은 연료를 태워 만든 고온의 수증기가 강한 압력으로 터빈을 돌리는 것이죠. 결국 형태는 다르지만, 물은 수력발전이든 화력발전이든 전기를 만드는 데 꼭 필요한 존재인 셈이죠. 심지어 원자력발전도 우라늄의 핵분열에서 발생하는 열로 물을 끓여 터빈을 회전시키며, 미래 발전 기술로 기대되는 핵융합조차 원자핵의 융합에서 방출되는 에너지로 물을 끓여 터빈을 돌리는 원리입니다. 즉, 물은 단순한 생명의 원천을 넘어, 우리가 매일 사용하는 전기에너지의 주인공이기도 합니다.

물이 흐르면 전기가 생성된다?

앞서 살펴본 수력발전소처럼 물의 운동에너지를 활용하기 좋은 곳이 바로 해안가 혹은 바다입니다. 파도가 항상 넘실거리는 곳이죠. 파도는 끊임없이 에너지를 전달하는 물결이며, 파도의 높이가 클수록 그 안에 담긴 에너지의 양도 커집니다. 그 에너지의 크기는 해안의 지형, 바람, 해류 등 주변 환경에 따라 크게 달라집니다. 여러분이 서핑하러 간다면 서해안보다는 파도가 높은 동해안, 특히 강원도 양양 같은 곳을 떠올리는 것과 마찬가지죠. 수력발전의 원리를 다시 정리하자면, 물의 위치에너지를 운동에너지로 변환합니다. 그 운동에너지는 터빈의 회전, 즉 역학적 에너지로 변환됩니다. 마지막으로 이 에너지가 전자기 유도 원리에 따라 전기에너지로 변환됩니다. 그런데 이 과정에서 터빈이 필요 없다면 어떨까요?

우리는 터빈과 같은 기계장치 없이 지구에 쏟아져 내려오는 태양광을 이용해 전기를 직접 생산하는 개념에는 익숙합니다. 태양광 패널이 햇빛을 흡수하고 이를 전기에너지로 변환하는 방식은 오늘날 가장 대표적인 친환경 에너지 기술 중 하나이며, 이제는 주위에서 쉽게 찾아볼 수 있는 풍경이기도 하죠.

하지만 태양광발전의 가장 큰 한계는 바로 날씨의 영향을 받는다는 점입니다. 만약 구름으로 가득 차서 흐리고 비가 쏟아지는 날이라면 어떨까요? 혹은 해가 지고 캄캄한 밤이 돼도 여전히 전기를 만들 방법이 있을까요? 이러한 조건에서는 태양광 패널이 충분한 전력을 생산할 수 없으므로, 이를 보완할 대체적인 에너지원이 필요합니다.

특히, 태양광발전은 낮에 효율이 높은 반면, 우리는 아침의 등교/출근 준비 시간과 가정에서 다양한 전자기기와 함께 보내는 하교/퇴근 이후 저녁과 밤 시간에 전력을 가장 많이 소모합니다. 전기에너지의 생산만이 아닌 저장에 더 큰 관심이 기우는 이유입니다.

그때 눈길을 끄는 것이 바로 빗방울입니다. 하늘에서 떨어지는 빗방울은 중력에 의해 점점 빨라지면서 운동에너지를 갖습니다. 지면에 떨어질 때 작은 물방울 하나에도 충격이 생기죠. 이 에너지를 잘 활용하면 태양광발전이 가능하지 않은 궂은 날씨에도 더욱 안정적인 친환경 전력 공급이 가능하지 않을까요? 이러한 아이디어를 바탕으로 등장한 기술이 수분 자가발전(Hydrovoltaics)입니다. 기존의 수력발전이 강한 물줄기로 터빈을 돌려 전기를 만드는 반면에 수분 자가발전은 터빈 없이 흐르는 물만으로 전기를 만드는 기술입니다. 그 핵심은 바로 화학의 발전 과정에서 발견해온 특수한 재료입니다. 당연히 이 재료의 특성은 표면 위에서 물이 흐를 때 전기를 만들어낸다는 것입니다.

대표적으로 탄소 나노튜브(Carbon nanotube) 혹은 그래핀(Graphene)과 같은 값싸고 흔한 탄소(C)로 이뤄진 나노 소재가 있습니다. 연필심에 전기가 흐를 수 있는 것처럼, 탄소 나노튜브나 그래핀과 같은 탄소 소재는 전자가 자유롭게 움직일 수 있는 구조로 이뤄져 물과 접촉할 때 전기를 만들어낼 수 있는 것입니다. 수분 자가발전의 원리를 요약하자면, 빗방울이 표면에 흐르거나 충돌할 때 물방울 내의 이온들이 고체 표면 전자와 상호작용을 한다는 것입니다. 이 작은 상호작용이 순간적으로 전위차를 만들어내고, 결과적으로 우리가 원하는 전류가 흐릅니다.

수분 자가발전은 터빈 없이도 물을 활용해 전기를 만드는 혁신적인 재생이 가능한 에너지 기술로 주목받고 있습니다. 물론 아직은 태양광발전에 비해 생산되는 전기의 양이 적고 효율도 낮은 편입니다. 하지만 이 기술은 다양한 환경에서 태양광을 보완할 가능성이 있습니다. 태양광발전이 강렬한 햇빛 아래에서 높은 효율을 보이는 것과 달리 수분 자가발전은 비 오는 날이나 습기가 많은 환경에서도 작동할 수 있어, 두 기술을 함께 사용한다면 날씨와 무관하게 전기를 생산할 수 있는 하이브리드 시스템(Hybrid-system)을 만들 수 있죠.

심지어 태양광 패널 위에 수분 자가발전 재료를 덧입혀 복합 구조로 만들면 해가 나든 비가 오든 상관없이 전기가 발생하는 스마트 하이브리드 시스템이 됩니다. 현재 연구자들은 더 효율적인 나노 소재를 개발하고, 발전 효율을 높이는 방법을 찾고 있습니다. 가까운 미래에는 날씨나 장소에 상관없이 안정적이고 재생 가능한 전기 생산이 가능하길 기대합니다.

이런 원리를 활용하면, 우리 몸의 땀 혹은 습기를 이용해 전기를 생산할 수도 있지 않을까요? 스마트워치나 헬스 밴드 같은 웨어러블 기기가 피부의 땀이나 수분만으로 스스로 충전된다면 정말 편리하겠죠. 운동할 때 흘리는 땀이 곧 에너지원이 되고, 우리가 걷고 움직이는 것만으로도 기기가 작동하는 미래가 올 수 있습니다.

우리가 입는 옷이나 신발, 손목시계, 안경 등 일상적인 모든 물건이 작은 발전소가 돼 스스로 에너지를 만들어내는 세상. 미래의 에너지는 더는 멀리 떨어진 발전소에서 오는 것이 아니라, 우리 몸 가까이에서, 우리가 사는 환경에서 자연스럽게 흘러나올 수도 있습니다. 그렇게 된다면 에너지는 '어디선가 가져오는 것'이 아니라, '우리 삶 속에서 만들어지는 것'이 되겠죠.

물의 화학적 에너지로 전기를 만들다

지금까지는 물의 운동에너지를 이용해 전기를 생성하는 다양한 방식을 알아봤습니다. 그렇다면 물 분자 자체가 보유한 에너지는 어떨까요? 즉, 물이 가진 화학적 에너지를 이용해서도 전기를 만들 수 있지 않을까요? 이 질문의 답은 바로 물 분해(Water splitting)와 연료전지(Fuel cell)입니다. 이 방식은 1960년대 인류가 처음으로 달에 착륙했을 때 사용된 매우 중요한 기술이기도 합니다. 생각보다 오랜 역사를 가진 셈입니다. 혹시 생각해본 적이 있나요? 그 시절 달 탐사에 활약한 우주선과 로봇이 무슨 에너지원으로 움직였는지? 바로 물을 분해해 얻은 수소와 산소를 이용해 전기를 만드는 연료전지였습니다.

물은 수소와 산소로 이뤄진 화합물입니다. 이 사실은 18세기 프랑스의 화학자 앙투안 로랑 드 라부아지에(Antoine-Laurent de Lavoisier)가 실험을 통해 밝혀냈습니다. 물 분자 하나는 수소 원자 두 개와 산소 원자 한 개로 이뤄져 있죠. 물 분자가 가진 화학 에너지는 산소 원자와 수소 원자 사이를 잇는 화학결합에 저장돼 있습니다. 물 분자가 수소와 산소로 변하는 화학반응은 두 단계로 나눠서 생각할 수 있습니다. 첫 번째는 물 분자 하나가 원소로 분해되면, 산소와 수소를 잇는 결합 두 개가 끊어지는 단계입니다. 이 과정에서는 안정한 물 분자를 수소와 산소 원자로 쪼개야 하므로, 외부로부터 에너지를 흡수합니다. 두 번째 단계는 그렇게 쪼개진 산소 원자와 수소 원자는 홀로 존재하기에는 너무나 불안정하므로 다시 어울리는 짝을 찾아 새로운 결합을 만드는 것입니다. 수소 원자들끼리 결합해 수소 분자(H_2)를 만들거나 산소 원자들끼리 결합해 산소 분자(O_2)를 형성하는 식입니다.

이 분자 결합 과정은 에너지를 외부로 방출합니다. 분해와 결합의 두 단계 모두에서 산소와 수소 원자의 총 개수는 변하지 않고, 에너지의 총량도 보존됩니다. 다만 물 분자를 원소로 분해할 때 필요한 에너지가 수소와 산소 분자가 만들어질 때 방출되는 에너지보다 더 많습니다. 즉, 물 분해 반응은 외부에서 추가로 에너지를 넣어줘야 진행될 수 있습니다.

물 분자 한 개를 분해할 때 대략 286kJ, 즉 약 68.4kcal의 에너지가 필요합니다. 이는 약 60W짜리 전구를 한 시간 20분 정도 켤 수 있는 에너지에 해당합니다. 그렇다면 물 1L를 분해하려면 얼마나 많은 에너지가 필요할까요? 물 1L에는 약 55.5몰의 물 분자가 들어있으므로, 총 약 3,800kcal의 에너지가 필요합니다. 이는 밥(200g) 열두 공기를 먹어야 얻을 수 있는 에너지이자, 약 60km를 걸을 수 있는 양에 해당합니다. 정말 어마어마한 에너지죠.

어떻게 물을 분해할 수 있을까요? 가장 먼저 떠오르는 방법은 역시나 열에너지일 것입니다. 물을 아주아주 뜨겁게 데워 분해하려는 것이죠. 비슷한 아이디어는 라부아지에가 물이 화합물임을 증명한 실험에도 쓰였죠. 물론 적당히 가열한다면 물은 끓어 수증기가 돼 날아가 버릴 테니, 우리 생각보다 높은 온도가 필요합니다. 예를 들어, 물을 2,500℃의 극한 온도까지 가열해도 약 3% 정도의 물만 분해된다고 알려져 있습니다. 즉, 화학반응에 투입하는 열에너지의 대부분은 다른 경로로 낭비되고 오직 극히 일부의 열만이 우리가 원하는 물 분해에 쓰인다는 뜻입니다. 그러면 여기서 이런 질문을 해볼 수 있습니다.

"왜 물 분해 효율이 높아야 할까?" "물 분해는 어디에 쓰이는 걸까?" 이 질문에 대한 답은 바로 친환경 에너지 생성 및 저장과 관련 있습니다. 하지만 그 답을 제대로 이해하려면, 먼저 물 분해의 반대 과정인 물의 합성을 살펴볼 필요가 있습니다. 그러면 물을 합성하는 과정에서는 어떤 일이 벌어질까요? 이를 통해 물 분해가 왜 중요한지, 다시 돌아와서 생각해보도록 하겠습니다.

그러면 이제 물 분해 과정을 반대로 생각해볼까요? 우리가 충분한 양의 수소와 산소가 있고, 이들을 반응시켜서 물을 합성한다면 어떻게 될까요? 에너지는 여전히 보존되므로 우리는 물과 함께 에너지도 얻을 수 있습니다! 물 합성 반응으로 실제로 달에서 전기를 만들었다면 믿기시나요? 1969년, 인류는 처음으로 달에 발을 디딥니다. 아폴로 11호의 닐 암스트롱과 버즈 올드린이 달 표면을 걷는 장면은 전 세계에 생중계됐고, 역사적인 순간으로 남았습니다. 그런데 그들의 발걸음을 가능하게 만든 조용한 영웅이 있었으니, 바로 연료전지입니다.

그 시절 우주선을 움직이게 할 에너지를 공급하는 건 정말 어려운 과제였습니다. 현재의 우리에게 친숙한 것처럼 몇 개의 보조 배터리를 들고 가는 것은 어떨까요? 그 당시 배터리는 지금과 달리 아주 무겁고 그리 오래가지도 않았습니다. 지구의 중력을 벗어나 우주로 떠나려면 최대한 중량을 줄여야 했던 만큼, 보조 배터리를 지참하는 것은 거의 불가능한 선택지였습니다.

태양에너지는 어떨까요? 당시의 태양광발전은 현재와 달리 효율이 무척 낮았습니다. 특히나 달그림자에서는 작동하지도 않죠. 이처럼 어려운 조건 속에서 미 항공우주국(NASA)이 선택한 방식이 수소와 산소를 반응시켜 물을 만들면서 전기를 생산하는 기술, 즉 연료전지였습니다. 놀라운 점은 연료전지가 단지 전기를 만드는 데만 그치지 않았다는 것입니다. 이 간단한 반응의 부산물은 다름 아닌 물이었고, 생성된 물은 우주 비행사들이 마실 수 있는 귀중한 식수가 됐습니다. 또한 반응 중에 발생하는 열은 우주선 내부를 따뜻하게 유지하는 데도 활용됐죠. 즉, 연료전지는 전기·물·열이라는 가장 중요한 세 가지 자원 문제를 한꺼번에 해결해주는 올인원(All-in-One) 에너지 시스템인 셈입니다.

연료전지는 실제로 어떻게 작용할까요? 이름에 전지라는 표현이 들어있는 것을 보면, 에너지가 어딘가 저장돼 있으리라 추측할 수 있습니다. 바로 화학적 에너지입니다. 연료전지는 수소와 산소 분자에 저장된 화학에너지를 꺼내 전기에너지로 바꾸는 장치입니다. 그 핵심 원리는 산화(Oxidation)와 환원(Reduction)

이라는 두 가지 화학반응에 있습니다. 철이 산소와 결합해 녹스는 것처럼 산화 반응은 이름대로 산소와의 관계로 표현될 수 있습니다.

하지만 언제나 산소가 꼭 존재하는 것은 아니니 다른 방식으로도 산화/환원 반응을 구분하기도 합니다. 예를 들어 산소와 결합하는 것, 수소가 떨어져 나가는 것 그리고 전자를 잃어버리는 것 모두가 산화에 해당합니다. 산화가 전자를 잃어버리는 반응이라면, 그 반대에 해당하는 환원은 전자를 얻는 과정이겠죠. 전자가 이동할 때 전류가 흐르기 때문에, 산화와 환원은 전기에너지의 근원입니다. 전지에 양극과 음극의 두 부분이 존재하듯, 연료전지의 두 극에서 발생하는 화학반응도 구분해볼 수 있습니다.

음극: $2H_2(g) \rightarrow 4H^+(aq) + 4e^-$ (산화 반응)

양극: $O_2(g) + 4H^+(aq) + 4e^- \rightarrow 2H_2O(l)$ (환원 반응)

여기서 중요한 점은 전자를 잃는 산화 반응과 전자를 얻는 환원 반응이 서로 다른 전극, 즉 공간적으로 분리된 장소에서 일어난다는 것입니다. 산화 반응으로 생성된 전자는 외부 회로를 따라 이동해 환원 반응에 사용됩니다. 이런 외부 회로를 통한 전자

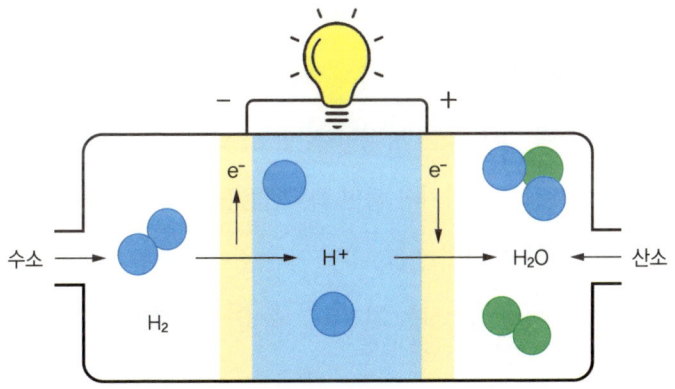

그림 6-1
연료전지 예시.

의 흐름이 우리가 사용하는 전기가 됩니다. 결과적으로 연료전지에서는 물의 생성과 동시에 전기에너지를 얻을 수 있습니다. 이 원리가 연료전지의 핵심이며, 앞서 살펴본 우주선의 에너지 공급 방식이기도 합니다. 더욱이 연료전지 시스템은 오염 물질 없이 순수한 물을 생성하며, 약 60%에 달하는 에너지 효율은 내연기관보다 뛰어납니다. 이런 특성 덕분에 연료전지는 온실가스를 배출하지 않는 무공해 에너지원으로 주목받고 있습니다.

더욱이 연료전지는 우리가 일상생활에서 사용하는 일반 전지와 비교해 한 가지 중요한 차이점이 있습니다. 바로 연료전지는 내부에 저장된 에너지를 쓰는 방식이 아니라는 점입니다. 보통 우리가 사용하는 배터리는 미리 에너지를 충전해서 저장해뒀다가 필요할 때 꺼내 쓰는 방식이죠. 반면, 연료전지는 수소와 산소가 계속해서 공급되기만 하면 화학반응을 멈추지 않고 이어가며 전기를 만들어낼 수 있습니다. 이런 점에서 연료전지는 마치 작은 발전소처럼 작동하는 전지라고 볼 수 있습니다.

깨끗한 물 없이는 에너지를 얻을 수 없다

이제 앞서 던졌던 질문으로 돌아가 볼까요? "왜 물 분해 효율이 높아야 할까?" "물 분해는 어디에 쓰이는 걸까?" 우리는 연료전지를 통해, 수소와 산소가 반응해 전기를 만들고, 물이 생성된다는 사실을 배웠습니다. 그렇다면 이 연료전지에 사용할 수소와 산소는 어디서 얻어야 할까요?

산소는 지구 대기의 약 21%나 차지하고 있기에 공기 중에서 간단히 추출할 수 있습니다. 사용 후에도 형태만 바꿔 지구에 존재하니 고갈될 것을 걱정하지 않아도 되죠. 수소는 어디서 얻어야 할까요? 현재 수소는 대부분 천연가스에서 추출합니다. 메테인(Methane) 연료라 불리는 가장 작고 간단한 유기화합물은 지각 내에 고여있던 형태로 채굴 과정에서 얻어져 천연가스라는 이름을 갖습니다. 메테인을 고온의 수증기와 반응시키면 수소가 얻어지는데, 문제는 이 과정에서 대량의 이산화 탄소가 함께 배출된다는 것입니다. 친환경 수소에너지를 사용하려고 대기오염과 지구온난화를 더욱 가속하는 상황입니다. 모든 문제의 해결은 의외로 간단합니다. 친환경 수소 생산 기술의 개발입니다.

바로 이때 필요한 것이 우리가 앞서 살펴본 물 분해입니다. 물을 분해해서 수소를 얻고, 그 수소를 다시 연료전지에 공급해 전기를 만드는 것. 이것이 바로 '물 분해-연료전지-전기 생산'이라는 하나의 친환경 에너지 순환 고리입니다.

하지만 물은 매우 안정한 분자이기 때문에, 분해하려면 많은 에너지가 필요합니다. 그래서 '물을 어떻게 하면 더 적은 에너지로 효율적으로 분해할 수 있을까?'는 친환경 수소에너지 개발의 핵심 과제가 됐습니다. 결국 물 분해는 단순한 실험이 아니라, 우리가 꿈꾸는 탄소 없는 미래, 깨끗한 에너지 사회를 실현하기 위한 가장 중요한 기술 중 하나인 셈입니다.

지금까지 살펴본 연료전지는 수소에너지 활용의 대표적인 예입니다. 하지만 수소는 연료전지를 넘어, 더 다양한 방식으로 활용될 수 있으며, 미래의 청정에너지로 주목받고 있습니다. 수소는 전극을 이용한 연료전지뿐 아니라 직접 연소를 통해서도 에너지를 낼 수 있습니다. 이때도 오염 물질을 거의 배출하지 않고 완전 연소시에는 물만 생성하기 때문에 화석연료를 대체할 무공해 연료로 주목받고 있습니다.

특히 고온이 필요한 철강이나 시멘트, 유리 산업에서는 전기로는 감당하기 어려운 열을 수소 연소를 통해 공급하는 방안이 활발히 연구되고 있습니다. 또한 수소 항공기, 수소 선박, 대형 수소 트럭 등 배터리로는 부족한 장거리/고출력 운송 수단에서도 수소가 더 적합한 대안으로 떠오르고 있습니다. 이처럼 수소는 단지 전기를 만드는 데 쓰이는 물질이 아니라, 열과 연료, 저장 매체 등 다양한 형태로 활용될 수 있는 유연한 에너지 자원입니다. 그래서 수소는 오늘날 에너지의 미래를 여는 열쇠 중 하나로 기대를 모으고 있습니다.

여기서 한 가지 중요한 점을 더 짚어볼 수 있습니다. 우리는 전기에너지를 얻으려면 물이 필요하고, 물을 얻으려면 에너지가 필요하다는 것입니다. 이처럼 서로가 서로를 필요로 하는 구조는 점점 더 분명해지고 있습니다. 최근에는 이러한 물과 에너지의 상호 의존성을 강조하는 '물-에너지 넥서스'라는 개념이 주목받고 있습니다. 에너지가 없으면 깨끗한 물을 공급할 수 없고, 깨끗한 물이 없으면 에너지 생산도 불가능하다는 사실이 점점 더 뚜렷해지고 있는 것입니다.

예를 들어, 화력발전소와 원자력발전소는 냉각용수로 막대한 양의 물이 필요하고, 수력발전은 아예 물을 동력으로 삼습니다. 심지어 태양광과 풍력 같은 재생에너지 생산과정에서도 패널 세척이나 시스템 냉각 등으로 물이 소모됩니다. 반대로, 물을 정수하고 정화하며 가정이나 공장까지 운반하는 데에도 많은 에너지가 필요합니다. 이처럼 물과 에너지는 따로 떼어 생각할 수 없는 관계인 것이죠. 게다가 기후변화로 물이 점점 더 귀해지고, 에너지 수요는 계속해서 늘어나는 지금, 이 두 자원을 함께 고려한 통합적인 접근이 필수적입니다. 예컨대 한 도시가 친환경적 물 소비를 실현한다면, 단지 물을 아끼는 것이 아니라 그 도시의 전력 수요를 줄이고, 더 나아가 온실가스 배출량까지 감축하는 효과를 가져올 수 있습니다.

다시 "물을 아껴 씁시다."라는 말로 돌아가며 이야기를 마치려 합니다. 지금까지 우리는 물이 단순히 마시는 자원을 넘어서, 에너지와 기후, 산업, 나아가 우리의 생존과 직결된 존재임을 살펴봤습니다. 깨끗한 물 없이는 지속 가능한 미래도, 안정적인 에너지도, 건강한 삶도 가능하지 않습니다. "물을 아껴 씁시다."는 더는 단순한 구호가 아니라, 우리가 마주한 지구적 위기에 대한 책임 있는 행동의 시작입니다.

기후변화와 도시화로 인해 물 부족 문제는 더욱 심각해지고 있으며, 이를 해결하려는 노력이 시급합니다. 물이 단순한 자연 자원이 아니라, 인류와 지구 생태계를 지탱하는 필수 요소임을 인식하고 이를 보호하려는 노력이 필요합니다. 이제 우리는 물-에너지-우리의 삶이 서로 이어져 있다는 것을 기억하며, 물을 단순히 사용하는 존재에서, 물을 지키는 존재로서의 의식을 가져야 할 때가 아닌가 생각합니다.

그렇다면 우리가 앞으로 풀어가야 할 과학적 질문은 무엇일까요? 우리가 매일 사용하는 물과 에너지를 더 효율적으로 만들 수는 없을까요? 빗방울이나 습기처럼 지금은 버려지는 작은 에너지원도, 우리가 쓸 수 있는 에너지로 바꿀 수 있는 새로운 재료나 장치는 무엇일까요? 바다를 오염시키지 않으면서 더 깨끗한 물을 만들어내는 새로운 담수화 기술은 어떤 모습일까요? 이런 질문에 답하려고 수많은 과학자가 지금도 열심히 연구를 이어가고 있습니다. 과학은 언제나 질문에서 시작합니다. 그리고 이 질문들에 대한 답을 찾아 나서는 주인공은, 지금 바로 이 글을 읽고 있는 여러분일 수도 있습니다.

7.

지구를 지구답게 하는 증거, 물

장홍제(광운대학교 화학과 교수)

이제껏 실험실에서 마주치는 흥미로운 순간부터 일상에서의 경험, 과학적 사실과 현상에 대해 화학이라는 관점에서 물을 소개했습니다. 하지만 화학이라 해서 모든 것이 우리와 직접적으로 마주하는 순간을 갖는 것은 아닙니다. 과학에는 아득히 멀거나 거대한, 혹은 반대로 작은 영역들이 있습니다. 물리학이라면 슈뢰딩거의 고양이가 대명사가 돼버린 양자역학이나 원자보다 작은 근본적인 것들에 대한 입자 물리학이 해당할 것입니다.

반대로 천문학에서는 타오르는 거대 항성이나 블랙홀을 비롯한 대부분의 천체와 우주의 탄생과 확장, 마지막에 관한 이야기들이 해당합니다. 생명과학에도 진화가 남긴 복잡하고 치밀한 인간의 뇌 과학이나 생명과 죽음 등이 있겠습니다. 이러한 분야들의 공통점은 매우 흥미롭다는 것입니다. 이해하려고 시도하거나 깨닫는 것만으로도 즐거움이 되며, 반드시 어딘가에 실제로 적용해야 한다는 의무감을 주거나 일상에 직접적인 변화를 강요하지도 않으니, 과학 속의 동화라 불러도 크게 다르지 않겠습니다.

물은 어디서 왔을까

물에 대한 화학 동화는 "지구의 물이 어디서 온 것일까?"에 대한 궁금증으로 시작하려 합니다. 인간의 몸은 약 70%가 물로 이뤄져 있고, 지구의 표면 역시 70%가 강과 바다를 통해 물로 뒤덮여 있습니다. 비와 눈이 내리고 안개가 자욱하게 밀려오듯, 대기 속에도 물은 매우 작은 알갱이로 떠다닙니다. 이 많은 물은 어디서 시작됐을까요? 먼 과거 지구에 떨어지는 운석을 타고 왔다고 생각하기에는 너무나 많아 이해가 가지 않습니다. 어쩌면 처음부터 지구에 떠다니고 있었을지도 모릅니다. 물 역시 물질의 한 종류인 만큼 온도와 압력에 따라 자유롭게 상(phase)을 바꿉니다. 차가운 곳에서는 얼음이라 불리는 고체가, 덥고 뜨겁거나 건조한 곳에서는 수증기라는 이름의 기체가 됩니다.

태양계와 행성들이 탄생한 순간부터 꽤 오랫동안 지구는 뜨거운 행성이었습니다. 지금과는 달리 이산화 탄소로 가득한 대기로 이뤄져 있었기 때문입니다. 이산화 탄소는 호흡에 사용할 수 없다는 점을 제외하면 그 자체로 심한 독성을 지닌 유해 물질이 아닙니다. 다만 적외선을 흡수하는 효과가 뛰어납니다. 지구나 행성이 우주 공간으로 배출해야 하는 에너지를 흡수해 주위에 가두는 온실효과가 뛰어나 행성의 온도를 좌우합니다. 현재도 대기 속 이산화 탄소 농도가 증가함에 따라, 지구가 계속해서 뜨거워지며 여러 문제가 발생한다는 것을 떠올릴 수 있습니다.

과거의 지구는 지금과는 비교도 되지 않을 정도로 많은 이산화 탄소로 둘러싸여 있었습니다. 현재의 10만 배 이상이라는 엄청난 수치가 쉽게 상상되지 않을 정도입니다. 두꺼운 이산화 탄소 대기로 인해 지구는 수백 도의 표면 온도를 갖는 금성과 비슷한 환경이었습니다. 생명이 살아갈 수 없을 정도의 가혹한 환경이었기에, 죽은 자들의 세계를 다스리는 왕인 명왕(冥王, Hades)의 이름을 따 '명왕누대(Hadean Eon)'라 부르던 끔찍한 시대였습니다. 창백한 오렌지색 지구에서는 어떠한 이유로 대기에 가득하던 이산화 탄소가 사라졌고, 온도는 서서히 낮아졌습니다. 결국 차가워진 온도로 인해 대기 속의 수증기가 물로 바뀌어 바다를, 그리고 물이 순환하는 환경을 만들었습니다. 그런데 대체 어떤 이유로 이렇게 됐을까요? 그러기에는 수증기가 아무리 많아도 부족할 듯싶습니다.

일반적으로 액체는 기체보다 부피가 작습니다. 가볍게 마시는 한잔의 물을 수증기로 바꾸면 무려 100리터에 달하는 엄청난 양으로 변화합니다. 빠르고 자유롭게 날아다니는 기체는 형태를 이루고 뭉쳐있는 액체보다 넓은 공간을 차지할 수 있습니다. 반대로 분자들이 서로 단단히 연결되며 정형화된 구조를 이루는 고체는 액체보다도 작게 단단히 뭉쳐있습니다. 예외적으로, 이 이야기의 주인공인 물과 비스무트(bismuth)나 갈륨(gallium) 등을 비롯한 몇몇 원소는 고체가 액체보다 더 큰 부피를 갖지만 말입니다. 그럼에도 기체가 가장 큰 부피를 갖는다는 것은 물의 상변화에서 이뤄지는 부피 팽창률이 1,700배라는 사실에서 체감됩니다.

간단한 계산으로 지구의 물이 냉각을 통해 비가 돼 대기에서 땅으로 내려온 것이라 말하기는 어렵습니다. 만약 지금의 지구를 기준으로 한다면, 대기 중에는 $12,900km^3$의 물이 수증기로 포함돼 있습니다. 조금은 낯선 km^3를 우리에게 친숙한 리터로 변환해보면, $1km^3$는 약 1조(1,000,000,000,000) 리터의 물에 해당합니다. 보통 올림픽 경기에서 사용되는 수영장에 250만 리터의 물이 채워지니, 1조 리터는 수영장 40만 개에 비견되는 어마어

그림 7-1
고대 지구는 물이 없는 주황색 행성이었다.

마하게 거대한 양입니다. 심지어 그 12,900배나 되는 양의 물이 우리 눈에 보이지 않을 뿐, 지금도 머리 위 공간을 채우고 떠있습니다. 이 정도의 물이라면 비가 돼 바다를 만들 수 있을까요?

 안타깝지만 강과 바다를 채우고 있는 물은 이와는 비교도 할 수 없을 정도로 많습니다. 지구의 물은 무려 $1,385,000,000km^3$로 추산되므로 모든 수증기가 비가 돼 내린다 해도 단 0.001%의 물이 증가할 뿐입니다. 바다의 높이가 3.8cm 정도 높아지는 셈이네요. 다시 원점으로 돌아가게 됐습니다. 이 많은 물은 어디서 솟아나서 지구를 '창백한 푸른 점(pale blue dot)'이라는 운치 있는 표현으로 불리도록 했을까요?

방금 이야기한 물이 '솟아났다'라는 표현이 정확합니다. 물은 지구의 땅속 깊은 곳에서 생겨난 것으로 생각되기 때문입니다. 마그네슘 광물의 일종인 마그네슘 하이드로실리케이트(magnesium hydrosilicate, $Mg_2SiO_5H_2$)는 지구 내부에서 물을 잡아두는 광물 중 하나입니다. 광석은 생기 없는 메마른 모습으로 그려지지만, 규칙적으로 연결된 구조들 사이 공간이나 결합에 작고 특별한 물질들을 담고 있는 경우도 있습니다. 물은 물론이고 지구 중력을 벗어나 하늘로 벗어나는 비활성 기체인 헬륨조차 달의 암석에 갇혀있기도 합니다. 내부 운동에 의해 높은 압력을 벗어난 광물은 더 안정한 형태로 붕괴하며 물을 형성합니다.

$$Mg_2SiO_5H_2 \rightarrow MgSiO_3 + MgO + H_2O$$

위의 화학식처럼 마그네슘 하이드로실리케이트는 분해돼 규산 마그네슘($MgSiO_3$)과 산화 마그네슘(MgO) 그리고 물로 변화합니다. 메마른 땅에서 물이 조금씩 생겨나며 온 지구를 뒤덮기 시작하던 순간은 장관이 아니었을까요.

목성 궤도 바깥쪽의 행성들에서는 기체가 거대한 행성의 큰 부분을 이루는 것과 달리, 화성을 포함해 태양에 가까이 있는 행성들은 암석으로 이뤄져 있습니다. 태양에 매우 가까운 수성이나 이산화 탄소 대기로 뜨겁게 타오르는 금성과 달리, 화성은 지구와 크게 다르지 않은 환경을 이루고 있습니다. 지구가 인간으로 가득 차는 문제를 풀어내려고 인간이 살아갈 새로운 터전으로 달과 화성을 고려하며 탐사를 추진하는 이유도 여기에 있습니다.

　화성 역시 지구와 같은 방식으로 진화해 왔을 것이며 물이 흐르는 순간도 있었겠지만, 지금은 삭막하고 메마른 붉은빛 행성일 뿐입니다. 화성의 크기는 지구보다 많이 작은 편에 속하며 행성의 중력 또한 약합니다. 지구의 중력으로 질소나 산소, 이산화 탄소는 대기 중에 잡아둘 수 있지만 수소나 헬륨은 손아귀에서 놓쳐 우주 공간으로 날려 보내는 것처럼, 화성의 약한 중력은 물을 잡아두기에 충분하지 못했습니다. 이 때문에 과거의 흔적만이 남아있으며 이제는 지표 아래 얼음의 형태로만 물이 남겨져 있습니다.

　지구의 위치와 크기 역시 아름다운 우연으로 작용해 저와 여러분이 글을 통해 생각을 나누는 지금이 만들어졌으니 동화 같은 일이 아닐 수 없습니다.

　세상의 모든 물질은 제각기 쓸모가 있습니다. 현재의 지구 대기 구성 비율이 만들어지기 위한 이산화 탄소의 제거도 마그네슘에 의해 이뤄진 결과로 생각됩니다. 물의 생성과 함께 만들어졌던 산화 마그네슘은 지구에 풍부한 광물입니다. 흥미로운 반응으로 산화 마그네슘은 이산화 탄소를 흡수해 탄산 마그네슘($MgCO_3$)으로 변화합니다.

$$MgO + CO_2 \rightarrow MgCO_3$$

화학반응은 역으로 되돌아갈 수도 있으며, 탄산 마그네슘의 분해는 이산화 탄소를 만들어냅니다. 이산화 탄소라는 작고 중요한 물질이 처음 발견됐던 순간도 화학반응에서 발생하는 기체가 촛불을 꺼뜨리는 모습에서 시작됐습니다. 초기 지구의 맨틀은 대류를 통해 산화 마그네슘을 끊임없이 뒤섞어 지구 표면으로부터 대기 속 이산화 탄소를 흡수하게 했습니다. 원소와 물질의 우연하고 복잡한 작용들이 지구에 생명이 싹트기 위한 첫 단계를 이룬 것이죠.

물에서 물 아닌 것이 분리되며 생명이 시작되다

물의 탄생은 신비롭지만 함께 살펴본 것처럼 비교적 간단한 화학반응으로 핵심을 요약할 수 있었습니다. 풍부한 물에서 단

세포생물이 발생한 후 오랫동안 진화를 거쳐 해양 식물과 동물이, 그리고 육상으로 이동해 공룡시대 이후 현재에 이릅니다. 정말 아득히 긴 시간이었습니다. 지구의 모든 역사를 1년으로 생각하면, 최초의 세포가 출현한 것은 2월 17일의 일이었습니다. 여러 개의 세포로 이뤄진 다세포동물의 출현은 빨라야 10월 13일의 사건이었고, 크리스마스가 지난 12월 26일 공룡이 멸종합니다. 인류가 두 다리로 걷기 시작한 것은 12월 31일 오전 10시 40분경 이뤄졌고, 농경과 목축의 시작은 한 해가 끝나기 2분 전 일어난 혁신적인 발전입니다.

생명의 시작이 물이라는 증거는 여러 곳에서 찾을 수 있습니다. 인간과 동물 그리고 식물 모두 물이 없이는 살아갈 수 없습니다. 환경에 따라 매우 적은 양의 물만을 필요로 하거나, 물이 없으면 건조된 몸을 가사 상태로 만들어 되살아날 때를 끝없이 기다리는 생물도 있습니다. 결국 물은 모두에게 필수적입니다. 물에서 세포가 만들어져서 가장 기본적인 구성 자체가 물을 기반으로 돼있기 때문일 것입니다. 물론 그 외에도 비열이 가장 높다는 특성이나, 극성을 갖는 구조로 인해 용해(dissolution)를 통해 다양한 이온을 활용할 수 있다는 측면에서, 물은 생명체에게 유리한 물질입니다.

화학에서는 생명체를 이루는 중요한 물질을 생분자(biomolecules)

로 구분합니다. 에너지원으로도 사용되는 단백질과 탄수화물 그리고 지질의 세 가지 유명한 물질과 더불어, 가장 핵심적인 정보를 담고 있는 유전물질로 DNA나 RNA로 대표되는 핵산(nucleic acid)까지 총 네 가지로 구분됩니다. 이들 각각은 수소나 암모니아 등 다양한 화학반응이 가능했을 환원성 대기를 재료로 바다라는 거대한 플라스크 속에서 지구 환경이라는 웅장한 화학자에 의해 오랜 시간 작업이 이뤄집니다.

여전히 정확한 과정은 밝혀지는 중이지만, 최종적인 결과가 네 가지 생분자의 형성이라는 것은 명확합니다. 이후는 만들어진 물질들을 지질 막으로 이뤄진 작은 주머니에 담아 지속적인 화학반응이 생명으로 연결될 수 있도록 최초의 세포를 만드는 순간입니다.

물에서 떠다니는 화학 분자들을 끌어모아 주머니로 가두는 작업을 코아세르베이션(coacervation)이라 합니다. 간단히 이해하면 물과 유기물을 분리하는 상 분리 작용이 이뤄진 것이며, 의미를 두고 고민하면 흔히 이야기하는 복잡하고 무질서하게 퍼져있는 높은 엔트로피(entropy)의 환경에서 물질들을 분리해 엔트로피는 낮추는 일반적이지 않은 현상이 되겠죠. 어느 부분을 찍어 맛봐도 달콤한 설탕물이 어느 순간 설탕 주머니와 물로 분리되기 시작하더니 달콤한 부분과 그렇지 않은 부분으로 나뉘는 장면을 관찰하는 것과 같은 놀라운 순간이 아니었을까요?

생명은 물에서 물이 아닌 것이 분리되는 순간부터 시작됐습니다. 만약 지구를 덮은 액체가 물이 아닌 다른 용매였다면 어떤 일이 일어났을지 상상해보는 것도 좋습니다. 벤젠이나 톨루엔과 같은 액체였다면 유기물들은 분리되지 못하거나 완전히 반대 방식으로 작동했을 수 있습니다. 물과 비슷한 에탄올 혹은 메탄올과 같은 알코올은 효과적으로 상 분리를 일으키지 못하고 더 커다란 세포를 만들어 거대 단세포생물로 이뤄진 생태계가 발생했을 가능성도 있겠죠.

가장 흥미로운 상상으로 인간에게는 매우 위험한 강산성 물질로 유명한 황산으로 이뤄진 바다에서 생명이 탄생하는 것이 있겠습니다. 어디까지나 인간의 기준에서 '만약'을 이야기하는 셈이지만, 진하게 농축된 황산에서도 분해되지 않고 남아있는 유기물들이 실제로 있습니다. 황산 비가 내리는 가까운 행성은 금성입니다. 황산으로 생명이 빚어질 수 있다면, 적당한 온도를 가지며 이산화 탄소와 황산으로 가득한 금성 지표 60km의 대기에는 지구와는 완전히 다른 유기물이나 생명이 숨어있을지 모릅니다.

물의 흔적으로 지구를 읽는다면

　물에서 만들어져 분리되기 시작한 세포 형태는 무생물인 유기물 주머니였지만, 세포로 발전하며 다양한 생명체로 분화합니다. 인간이 마주하지 못한 생물이 대다수지만, 우리는 과거 지구를 누비던 생물들을 화석이라는 흔적을 통해 형태와 습성을 예측하며 생명의 역사를 읽어왔습니다. 다양한 식물이나 곤충, 공룡 등의 화석은 생물 자체의 정보만이 아니라, 먼 과거의 지구가 어떤 모습이었을지도 떠올리게 합니다. 공룡 멸종과 관련된 유카탄반도의 거대 운석 충돌, 공룡의 진화와 포유류의 출현이 200만 년이나 계속됐던 트라이아스기 카르니안절의 역사상 최장 장마 속에서 시작됐다는 것은 흔적에서 읽어낸 사건들입니다. 번성한 식물과 우연히도 이를 분해할 다양한 곤충이 발생하지 못해 대량의 석탄이 만들어진 석탄기의 환경과 그 속을 날아다니던 거대 잠자리 메가네우라(Meganeura)도 유명한 예시죠.

　이보다 더 예상하기 어려우며 근본적인 것은 과거 지구의 기후입니다. 얼마나 덥고 추웠을지, 우기와 건기가 반복됐을지, 심지어 생물의 멸종을 일으킨 자연재해가 언제 발생했을지는 많은 의미를 갖습니다. 도무지 예상하기 어려울 것만 같은 과거 기후의 숨겨진 증거 역시 물입니다. 환경과 기후에 대해 학교에서 배우는 내용 중 물의 순환을 기억할 겁니다. 내리쬐는 태양에너지를 통해 강과 바다가 수증기로 기화해 구름을 이루고, 하늘을 떠돌다 온도나 기압 변화에 따라 비나 눈의 형태로 다시 지상으로 내려옵니다. 태풍이나 안개, 장마와 같은 현상 또한 수증기와 관련돼 있습니다. 물의 순환은 지하에서로 이뤄집니다. 물이 스며들어 흐르거나 고여 지형을 만들거나 지각변동을 일으키기도 합니다.

물의 상변환은 온도와 압력이라는 두 가지 요인에 의해 조절되는 만큼, 특정한 계절이나 온도에서 자연현상이 발생하기도 합니다. 결국 물이 머물거나 사라진 흔적에 대한 정보를 읽어낼 수 있다면 우리가 직접 마주하지 못했던 먼 과거의 기후도 예측하는 것이 충분히 가능해집니다. 하지만 간단한 구조의 물이 특별할 수 있을까요? 남극의 빙하를 이루는 물 분자나 갈증을 해소하려고 들이키는 물 분자는 다를 바 없습니다. 심지어 화성 지표 및 얼음의 형태로 굳어져 있는 물 분자도 마찬가지입니다.

물은 하나의 산소와 두 개의 수소 간 결합의 결과입니다. 산소와 수소의 개수가 변화하는 일은 일어나지 않습니다. 수소가 하나라도 줄어들면 알칼리성 물질의 핵심인 수산화 음이온(OH^-)이, 반대로 산소가 빠지면 친환경 연료로 주목받는 가장 가벼운 기체인 수소(H_2)가 됩니다. 반대로 수소가 하나 추가되면 산의 정체성인 하이드로늄 이온(H_3O^+)이, 산소가 추가되면 표백제나 소독약으로 사용되는 과산화 수소(H_2O_2)가 되죠. 종류와 개수 그리고 연결되는 결합의 순서가 바뀌면 화학적으로 완전히 다른 물질이 만들어집니다.

그런데 원소 중에서도 같지만 다른 것들이 있습니다. 원자핵을 이루는 양성자의 개수는 원소의 종류를 결정하는 만큼 정해져 있는 기준이지만, 중성자는 그렇지 않습니다. 원자핵을 이루는 중성자의 개수만 다르다면, 원소의 종류는 같지만 미세하게 질량이 다른 동위원소라는 관계가 만들어지죠.

물 분자의 중앙에 있는 산소를 기준으로 조금 더 자세히 살펴볼 수 있습니다. 산소의 본질은 여덟 개의 양성자에서 만들어집니다. 이보다 양성자가 하나 적으면 질소가, 하나 더 많으면 플루오린이 됩니다. 하지만 양성자 개수가 여덟 개로 고정된 채 여덟 개의 중성자가 함께하면 ^{16}O, 하나의 중성자가 많은 산소는 ^{17}O, 그리고 두 개 더 많은 중성자라면 ^{18}O라는 동위원소입니다. 작게는 단 세 개의 중성자부터 최대 20개의 중성자를 갖는 산소 동위원소까지 알려져 있습니다.

그중 앞서 이야기한 세 가지 동위원소는 붕괴하거나 변화하지 않고 안정하게 자연에 일정한 비율로 존재합니다. 대부분인 99.74%는 ^{16}O이며 나머지 동위원소들이 일부입니다. 자연스레 지구의 물 역시 어떠한 산소로 이뤄졌는가에 따라 조금 가벼운 물과 살짝 더 무거운 물이라는 차이가 있습니다. 우리가 마시는 데는 아무런 문제가 없지만요.

강과 바다의 물이 증발하며 두 종류의 물이 함께 수증기가 돼 하늘로 올라간 이후, 비가 돼 내리는 순간 이 작은 무게로부터 생각보다 큰 차이가 발생합니다. 흔히 무거운 물체와 가벼운 물체가 낙하하는 속도가 같다는 과학적 사실이 갈릴레오 갈릴레이(Galileo Galilei)를 통해 널리 알려져 있습니다. 단순히 떨어지는 속도의 빠르고 느림의 비교가 아닌, 같은 힘으로 하늘에 고정돼 있던 물체 중 무엇이 더 간단히 떨어지기 시작하는지를 고민한다면 아무래도 무게가 많이 나갈수록 임계점에 더 빨리 이를 것을 직감할 수 있습니다.

구름 속에 머물지 못하고 지상으로 낙하할 정도의 무게가 되는 순간에는 ^{16}O로 이뤄진 가벼운 물방울보다는 ^{18}O가 많은 물방울이 먼저 내립니다. 결국 비가 돼 내리는 물방울에는 ^{18}O의 함량이 높으며, 구름에 남겨진 수증기는 강이나 바다보다 ^{18}O가 더 적은 상태입니다. 같은 물이지만 무게가 다르다는 작은 차이에서 물의 분리가 생겨난 것입니다. 바다의 물보다 가벼운 물로 이뤄진 구름의 물은 다른 곳에 쌓입니다. 한바탕 비를 내려 감량에 성공한 구름은 대기를 타고 지구를 떠돌며 같은 작업을 반복

그림 7-2
미세한 동위원소의 차이도 질량분석으로 정확하게 측정할 수 있다.

합니다. 그중 추운 극지방이나 겨울을 맞이한 곳에 도착하면 눈이 돼 바닥으로 내려가겠죠. 이 눈은 가벼운 산소로 이뤄진 물이며, 광물에 결합하거나 그 지역의 식물 혹은 동물에게 흡수되고 다양한 형태로 땅에 흩뿌려집니다.

우리가 분석한 산소의 동위원소 비율에서 무거운 ^{18}O가 많으면 더운 지역이, 가벼운 ^{16}O가 많으면 추운 지역이라는, 간단하지만 흥미로운 점을 확인할 수 있습니다. 특히 물은 모든 생물이 몸을 구성하고 살아가려면 필수적으로 섭취하는 물질인 만큼, 동위원소 차이만으로도 간단하지만 중요한 정보가 드러납니다.

물이 사라지면 무엇이 남을까

이제껏 물을 이루는 분자 그 자체와 그 동위원소들이 지구의 과거와 우주의 미래에 대한 거대한 이야기를 들려주는 흥미로운 방식들을 살펴봤습니다. 하지만 물의 이야기는 여기서 끝나지 않습니다. 물이 증발하거나 사라지고 난 후, 그 자리에 남겨진 미세한 흔적들은 때로는 사건의 진실을 밝혀내고, 때로는 위조된 물질의 정체를 드러내는 결정적인 단서가 되기도 합니다. 이 흔적들은 마치 물이 그 시간과 공간의 기억을 남긴 것처럼, 과학적 수사를 통해 해독될 수 있습니다.

서류 위에 올려둔 커피잔을 무심코 들어보니 바닥에 묻어있던 커피가 남긴 동그란 모양을 본 경험은 누구나 있을 듯합니다. 심지어 컵에서 튀어 떨어진 한두 방울의 커피 방울이 마르며 남긴 것을 봐도 중앙은 텅 비어있는 작은 고리 모양인 것을 알 수 있습니다. 이름 그대로 '커피 링 효과(coffee ring effect)'라 부르는데, 눈에는 보이지 않지만 커피를 우려낸 물에 녹아있는 분자와 물질들이 증발하며 서로 엉겨 붙어 만드는 흥미로운 모양입니다.

결국 이는 단순히 커피에만 국한되는 현상이 아니라, 물에 미세한 입자나 용해된 물질들이 포함돼 있을 때 물이 증발하면서 나타나는 보편적인 현상입니다. 정확히는 물이 증발할 때 표면

장력으로 인해 물의 가장자리부터 증발 속도가 빨라지면서, 물에 녹아있던 미세 입자들이 가장자리로 밀려나 쌓입니다. 그로 인해 둥근 테두리 모양의 자국이 남는 것이죠.

이 단순한 현상은 과학수사의 중요한 도구가 됩니다. 2012년 과학자들은 위스키 한 방울을 떨어뜨린 후 증발하는 과정을 현미경으로 관찰해, 위스키가 만들어내는 독특한 증발 패턴이 위조 여부를 감별하는 데 활용될 수 있음을 발견했습니다. 위스키의 성분은 물과 에탄올 그리고 숙성 과정에서 나온 수많은 유기물과 미네랄로 이뤄져 있습니다. 물이 증발하면서 이 성분들이 복잡하게 얽히며 위스키마다 고유한 패턴을 만듭니다. 이 패턴은 마치 지문처럼 위스키의 종류와 원산지, 숙성 과정 등을 알려주는 정보를 담고 있습니다.

현대사회에서 물은 다양한 오염 물질을 담고 있습니다. 공장 폐수나 생활하수에서 나오는 흔한 오염 물질뿐만 아니라, 최근에는 미세 플라스틱이나 항생제, 환경호르몬이라고도 불리는 내분비교란물질(endocrine disruptors) 등이 큰 문제로 떠오르고 있습니다. 이 오염 물질들은 소량으로 존재하지만, 환경과 생물에 축적되며 장기적으로 해로운 영향을 미치죠.

물속의 미량 오염 물질을 추적하는 기술은 마치 범죄 현장에서 용의자의 흔적을 찾는 것과 유사합니다. 채취한 물을 정밀

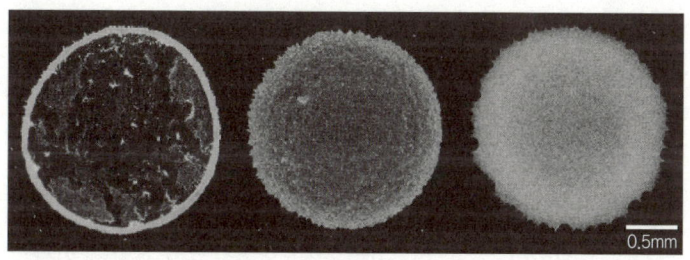

그림 7-3
셀룰로스 농도에 따라 다른 커피 링 효과.

하게 분석해 물에 남아있는 특정 화학물질의 '지문'을 찾아냅니다. 예를 들어, 어떠한 항생제가 특정한 화학반응을 거쳐 분해된다면 이 과정에서 생기는 부산물을 추적해 항생제가 어디서 유입됐는지 알아낼 수 있습니다. 오염원의 위치를 정확히 파악할 수 있다면 추가적인 오염을 막는 데 큰 도움을 받을 수도 있습니다.

또한 물에서 생명이 유래하고, 지구의 생명이 유지되려면 물이 반드시 필요한 것처럼 물은 생명체의 흔적 자체를 담고 있습니다. 모든 생명체는 주위 환경으로 미세한 조각의 환경 유전자(environmental DNA, eDNA)를 방출합니다. 비늘이나 머리카락, 배설물 등 살아있는 생명체가 남긴 eDNA 조각들은 물에 녹아 들어 있습니다. 우리는 강물이나 바닷물을 채취해 이 DNA를 분석함으로써 그 지역에 어떤 생물종이 서식하는지를 정확히 파악할 수 있습니다.

이 기술은 멸종 위기에 처한 희귀종을 추적하거나 외래종의 침입을 감지하는 데 효과적으로 사용됩니다. 너무나도 적은 양이 뒤섞여 있겠지만, 점차 물을 제거하며 농축한다면 복잡한 정보도 화학적으로 충분히 읽어낼 수 있습니다. 물은 이제 단순한 용매가 아니라 지구의 역사, 생명의 역사 그리고 지금도 쓰이고 있는 생명의 모든 정보를 기록하는 거대한 일기장인 셈입니다. 그리고 물은 지구 바깥의 정보를 찾는 데도 중요한 단서가 됩니다.

물로 이 우주 어딘가의 생명을 탐색하다

푸른 지구는 물의 행성이라 이야기되곤 합니다. 앞서 환경 화학에 관한 이야기에서 지구의 총 수량을 간략히 이야기해봤지만, 조금 더 자세히 뜯어보면 의외로 많은 양이 아니라는 사실을 눈치챌 수 있습니다. 11km가 넘는 마리아나해구부터 수면보다 높은 곳의 강과 샘물 그리고 대기 속 수증기까지 지구에는 다양한 종류의 수원이 있습니다. 대략적이지만 이를 평균 내면 지구 전체 면적을 2.7km 깊이로 덮을 수 있습니다. 리터 단위로 환산하면 1.36×10^{21}L라는 상당한 양입니다. 하지만 지구 반지름이 무려 6,378km라는 사실, 그리고 화학에서 흔히 사용되는 단위인 몰(mole)이 6.022×10^{23}이라는 점을 함께 비교하면 물의 행성이라는 위명이 아쉬운 듯싶죠.

지구에 생명이 탄생할 수 있었던 것은 물로 뒤덮인 환경이었기 때문입니다. 물에 용해될 수 있는 당분과 아미노산 그리고 이들이 연결돼 만들어지는 탄수화물과 단백질의 특성은 물론이며, 물에 잘 녹지 않아 주위 물 환경과 분리된 주머니를 이루도록 하는 지질 성분들의 역할도 모두 물 때문에 조절됩니다.

생명체의 흔적을 찾기 위한 가장 간단한 단서 중 하나로 물을 꼽습니다. 그렇다면 얼음이나 수증기가 아닌 액체 형태인 물이 존재하는 천체를 발견하는 것은 어려운 일일까요? 의외로 물은 흔한 물질입니다. 태양계 내에서도 목성의 위성인 유로파(Europa)와 가니메데(Ganymede) 그리고 칼리스토(Callisto), 토성의 위성인 엔켈라두스(Enceladus)와 타이탄(Titan) 그리고 미마스(Mimas) 모두 물로 가득해 거대한 바다를 보유하고 있습니다. 거대하다고 묘사한 것은 단순히 강조하고자 하는 표현이 아니라 실제로 지구보다 압도적으로 많은 물이 맴돌기 때문입니다.

유로파는 태양계 외곽에 있는 만큼 차가운 기온으로 인해 두꺼운 얼음층으로 덮여있지만, 그 아래에는 수십 킬로미터의 액체 바다가 존재합니다. 유로파 바다의 평균 수심은 무려 100km에 달해 지구보다 두세 배나 많은 물로 가득합니다. 최근 생명체의 가능성이 기대되는 엔켈라두스 역시 얼음층 아래로 바다가 존재하는데 극지방에서는 간헐천을 통해 어마어마한 높이로 물기둥이 솟구쳐 올라오는 현상도 목격됩니다.

앞서 얼음과 물의 물리화학을 통해 설명했던 고밀도 물이나 독특한 얼음의 상태가 엔켈라두스와 같은 내부 바다 행성에서 실제로 관찰된다는 사실이 흥미롭습니다. 물보다 밀도가 낮은 얼음이 언제나 물 위로 떠오르는 것이 아닌 바다 중간에 얼음층이 남아있는 모습입니다. 얼음-물-얼음-물과 같이 번갈아 배치된 얼음층과 바다들은 위성 내부에 독특한 환경을 만드는데, 이러한 샌드위치 구조가 꼭 생명을 뒷받침하는 것은 아닙니다.

그럼에도 우리가 생명체의 존재 가능성을 기대하는 이유는 카시니 탐사선이 엔켈라두스에서 분출하는 간헐천을 뚫고 비행하며 함유된 성분 분석에 성공했기 때문입니다. 엔켈라두스의 물에는 지구 생명체를 구성하는 가장 중요한 여섯 가지 원소인 탄소(C), 수소(H), 산소(O), 질소(N), 황(S) 그리고 인(P) 모두가 녹아있었습니다. 특히 인은 2023년 처음으로 지구 외 천체에서 발견된 셈인데, DNA의 골격을 이루는 성분이자 세포의 겉껍질인 세포막의 재료입니다. 더욱이 지구 생명체 탄생의 중요

그림 7-4
엔켈라두스 내부에는 물로 이뤄진 바다가 존재한다.

한 시작점 중 하나인 해양 플랑크톤의 기능을 결정하는 요소가 $C_{106}H_{263}O_{110}N_{16}P$라는 화학 조성임을 통해 단 하나의 인이 얼마나 중요한 역할을 하는지 짐작할 수 있습니다.

물로 이뤄진 바다를 보유한 위성들의 내부 탐사는 아직 먼 미래의 일이지만, 현재까지의 정보만으로는 지적 생명체가 아니더라도 아주 작고 간단한 세포 혹은 미생물이 살아가고 있으리라는 기대를 해보기에 충분합니다.

물론 생명의 근원이 물이라는 것은 우리가 상상하는 보편적인 탄소 생명체를 기준으로 할 때 특별함이 부가되기 때문에 나오는 이야기입니다. 우리가 아직 직접 탐사하지 못한 환경에서는 또 다른 형태의 생명체가 얼마든지 탄생해 숨어있을지도 모릅니다. 몇 가지 가능성을 재미 삼아 생각해볼 수도 있습니다.

생명체가 존재할 가능성이 큰, 항성계 내에서 지구와 비슷한 거주 가능 구역을 '골디락스 구역(Goldilocks zone)'이라 합니다. 독특한 명칭으로 인해 골디락스가 이 영역을 규정한 유명 과학자의 이름으로 오해받기도 하지만, 골디락스는 우리가 흔히 알고 있는 곰 세 마리 이야기에서 유래합니다. 길을 잃은 소녀가 우연히 곰 세 마리의 집을 발견해 아빠 곰과 엄마 곰 그리고 아기 곰의 식사로 차려져 있던 죽으로 허기를 채우려 합니다. 하지만 아빠 곰의 죽은 너무 뜨거웠고, 엄마 곰의 죽은 너무 차가워서 먹을 수 없었죠. 아기 곰의 죽은 뜨겁지도 차갑지도 않은 적당한 온도여서 맛있게 먹고 잠들었다는 동화입니다. 이 소녀가 금발 곱슬머리여서 골디락스라는 이름으로 불렸고, 우주에서 너무 뜨겁지도 차갑지도 않은 영역을 여기서부터 골디락스 구역이라 부르기 시작했습니다.

우리는 광활한 우주 속 얼마 되지 않는 골디락스 구역을 찾아가며 생명체의 흔적을 조사하고 있습니다. 그리고 이를 벗어난 너무 뜨겁거나 차가운 곳에서도 다른 형태의 생명은 존재할지도 모릅니다.

금성은 매우 뜨거운 행성입니다. 두꺼운 이산화 탄소 대기로 이뤄져 온실효과가 강하기 때문이며, 물이 환경을 이루는 지구와 달리 위험한 강산성 물질인 황산이 비처럼 내리고 또 증발합니다. 하지만 인간을 비롯한 생물의 체내 정보 전달이 전기라는 형태로 신경 자극으로 이뤄진다는 것, 그리고 자동차 등의 구동을 위해 황산과 납(Pb)으로 이뤄진 납-산 전지가 활용된다는 것을 조합한다면 재미있는 추론이 가능합니다. 금성과 같은 가혹한 환경에서는 금속을 먹고 황산을 활용해 전기의 형태로 에너지를 얻는 뭔가가 살아가고 있을지도 모릅니다. 진한 황산을 종이나 화장지에 묻히면 수분을 모두 빼앗겨 검게 탄화한다는 것을 수업 시간에 실험을 통해 배우듯, 가혹한 환경의 생명체는 우리와는 달리 탄소로 이뤄지지 않았을 듯합니다.

반대로 추운 행성에서는 절대 생명체가 존재할 수 없을까요? 온도가 낮다면 물은 당연히 꽁꽁 얼어 얼음이 됩니다. 단단히 결합한 분자들 사이를 헤엄치며 얼음을 뚫고 이동하는 것은 생명체에게는 가혹한 조건인 만큼 물에서는 더는 흥미로운 흔적을 찾을 수 없습니다. 하지만 온도가 낮다고 해서 모든 것이 얼어붙는 것은 아닙니다. 물 만큼이나 간단한 구조를 갖는 암모니아(NH_3)는 $-77.73\,°C$라는 낮은 온도에서 얼어붙기에 어떤 행성들에는 얼음으로 이뤄진 땅과 암모니아 바다가 있을 수 있습니다.

암모니아는 물과 마찬가지로 수소결합을 만들 수 있으며 지구의 생명체가 질소를 포함해 다양한 분자로 구조를 유지하듯, 이곳에서는 체내의 대부분이 암모니아 체액으로 이뤄진 기묘한 생물이 살아있을지도 모릅니다. 탄소보다 주기율표의 같은 족(group)에 속하는 규소(Si)가 핵심이 되는 것도 가능합니다.

이처럼 물이 모든 생각의 중심이 된 것은 물로 표면이 덮인 행성에서 체내의 대부분이 물로 이뤄진 생명체들이 물의 순환과 섭취, 배출을 바탕으로 살아가기 때문입니다. 우리가 지구에서 살아가는 이상, 그리고 지구에서 탄생한 이상 물은 영원히 가장 중요한 분자이자 용매겠지만, 물에 얽매인 사고방식을 넘어서면 새로운 관점과 세상이 눈앞에 등장할 수도 있습니다.

8.

맛있게 먹게 해주는 재료이자 요리사, 물

윤홍석(한양대학교 화학과 교수)

ㅐ ─────── ㅇ ─────── ㅐ

주방에 커다란 냄비 하나가 올려져 있습니다. 물은 바글바글 끓고 있고, 뚜껑 틈으로 하얀 김이 느긋하게 빠져나옵니다. 저는 저녁에 먹으려고 파스타 면을 삶으려던 참입니다. 한 줌의 굵은 소금을 집어 물에 넣자마자 소금은 금세 녹아 자취를 감춥니다. 면을 넣자 잠시 조용해졌던 물이 다시 힘을 얻은 것처럼 펄펄 끓기 시작합니다. 긴 면발들은 물에서 춤추듯 흔들리고, 물빛은 어느새 조금 뿌옇게 흐려집니다. 국자로 한 번 저어주면 뜨거운 김 사이로 익어가는 면에서 고소한 향이 올라옵니다.

우리는 매일 물을 끓이지만 잘 알지 못한다

이건 아마, 누구나 한 번쯤은 겪어본 평범한 요리의 한 장면일 겁니다. 너무 익숙해서 대체로 그냥 지나칩니다. 지루하게 느껴지기도 하지요. 그런데 가끔 문득 궁금해질 때가 있습니다. 소금은 왜 그렇게 빨리 녹을까? 면은 왜 그렇게 쉽게 부드러워질까? 뜨거운 물에서는 왜 국물 맛이 더 잘 우러날까? 아무렇지 않게 지나가는 이 짧은 순간에도 사실 꽤 많은 일이 벌어지고 있습니다. 조리의 이면에는 '물'이라는 평범하면서도 특별한 물질이 보여주는 성질이 숨어있습니다. 우리는 매일 끓이고 식히는 물을 통해, 어쩌면 아주 자연스럽게 화학의 세계를 마주하고 있는지도 모르겠습니다.

이번 장에서는 그런 무심한 순간을 조금 더 자세히, 화학이라는 돋보기를 통해서 들여다보는 시도를 할 겁니다. 주방이라는 가장 일상적인 공간에서, 물이 보여주는 조용하지만 흥미로운 화학의 순간을 함께 살펴봅시다.

앞서 살펴본 바와 같이, 물 분자의 화학적 구조는 산소 원자 한 개에 수소 원자 두 개가 결합한 형태로, 물 분자는 약 $104.5°$의 결합각을 이루는 굽은 V자 모양입니다. 이 독특한 구조에서 산소 원자는 전기음성도가 커서 전자를 자기 쪽으로 끌어당기기 때문에 부분 음전하를 띠고, 반대로 수소 원자들은 부분 양전하를 띱니다. 이러한 전하의 불균형으로 물 분자는 극성분자가 되며, 하나의 물 분자 내에서 생긴 부분 전하들이 분자 밖으로도 영향을 미쳐 주변의 다른 극성분자들과 상호작용을 합니다.

물 분자가 극성을 띠기 때문에 물 분자들 사이에는 분자 간 수소결합이라는 특별한 인력이 작용합니다. 이는 한 물 분자의 부분 음전하를 띤 산소와 인접한 다른 물 분자의 부분 양전하를 띤 수소 원자 사이에 형성되는 약한 전기적 결합입니다. 수소결합으로 인해 물 분자들은 서로 강하게 끌어당겨 모여있는데, 이 응집력은 물이 액체 상태에서 강한 표면장력을 형성하고 독특한 물방울 형태를 유지하도록 합니다. 또한 물 분자 사이의 강한 인력은 물의 끓는점과 녹는점이 비슷한 분자량을 가진 다른 화합물에 비해 훨씬 높게 나타나는 이유이기도 합니다. 물의 이러한 성질은 뒤에서 다룰 끓는점과 열적 특성에서 다시 등장합니다.

물 분자의 극성은 물을 훌륭한 용매로 만들어줍니다. 흔히 물을 '만능 용매'라고 부르기도 하는데, 이는 물이 다양한 물질을 녹일 수 있기 때문입니다. 예를 들어 우리가 요리할 때 빠뜨릴 수 없는 소금($NaCl$)은 물에 넣으면 쉽게 녹아들어 맛이 고르게 퍼집니다. 이는 물 분자가 소금의 소듐 양이온(Na^+)과 염소 음이

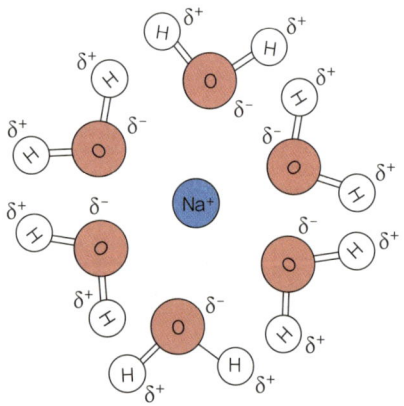

그림 8-1
소듐 양이온을 수화시킨 물 분자들의 모식도. $δ^+$와 $δ^-$는 각각 물 분자의 수소와 산소에 존재하는 부분 전하를 의미한다. 양이온의 양전하와 물 분자의 부분 음전하가 서로 잡아당기며 소듐이 수화된다.

온(Cl^-)을 각각 둘러싸서 안정화하기에 가능한 일입니다. 음전하를 띠는 물 분자 내의 산소 원자는 양전하를 띠는 소듐 양이온을 잘 둘러쌀 수 있고, 반대로 양전하를 띠는 수소 원자는 염소 음이온을 둘러싸는데, 이러한 현상을 수화(hydration)라고 부릅니다(그림 8-1).

설탕과 같은 극성을 띤 분자도 물과 잘 섞여 시럽을 만들 수 있습니다. 반면, 기름처럼 극성을 띠지 않는 비극성분자는 물과 섞이지 않고 층을 이루는데, 이는 물 분자가 극성이 없는 기름 분자와는 친화력이 없기 때문입니다. 국이나 탕을 끓일 때 국물

위에 기름기가 동동 떠오르거나, 샐러드드레싱에서 식초 물과 식용유가 분리되는 현상은 모두 물과 기름의 극성 차이에서 비롯됩니다. 이러한 성질로 인해 요리에서는 때때로 물과 기름을 섞으려고 달걀노른자에 들어있는 레시틴(lecithin) 같은 친수성과 소수성을 동시에 띠는 유화제를 사용하는데, 이는 극성과 비극성 물질을 이어주는 다리 역할을 합니다.

파스타를 삶을 때 물이 뿌옇게 흐려지는 현상도 물의 용매 특성 때문입니다. 파스타 면의 주성분인 전분은 긴 사슬 구조를 가진 아밀로스(amylose)와 아밀로펙틴(amylopectin) 분자들로 구성돼 있는데, 이 전분 분자들은 물에 완전히 녹지 않고 작은 입자 형태로 뜨거운 물에 퍼져 나옵니다. 이렇게 물속에 부유하는 전분 입자들이 빛을 산란시켜 물을 뿌옇게 만드는 것이죠.

소금이나 설탕처럼 완전히 녹는 물질들과 달리, 전분은 물에서 부분적으로만 풀리며 또 다른 방식으로 작용합니다. 뜨거운 물을 만난 전분은 단순히 퍼져 나오기만 하는 것이 아니라, 면 속에서 수분을 흡수하며 팽창하게 됩니다. 이 과정에서 딱딱하던 면발은 점점 유연해지고, 글루텐 역시 수분과 열을 받아 조직이 느슨해지면서 특유의 쫄깃한 식감이 살아납니다. 파스타를 삶는다는 건 단순한 가열이 아니라, 전분과 단백질이 동시에 변형되는 작은 화학적 변화 과정이라고 할 수 있죠.

정리하면, 물의 분자구조와 극성은 물이 다른 분자들과 어떻게 상호작용 하는지를 결정하는 핵심 요소입니다. 물 분자들은 서로 강하게 끌어당기며, 동시에 다른 극성 또는 이온성 물질들을 용해해 음식에 간이 고르게 배게 하고 다양한 맛 성분을 추출하는 데 기여합니다. 이러한 물의 구조적 특성에 대한 이해는 뒤이어 살펴볼 물의 끓는점, 열전달 특성 그리고 미네랄 함량이나 pH와 관련된 특성들을 이해하는 밑바탕이 됩니다.

물은 열을 어떻게 다룰까

앞서 언급했듯이, 물 분자 사이의 강한 수소결합은 물의 끓는점을 비슷한 분자량의 다른 물질보다 높게 만들어줍니다(표 8-1). 물(H_2O)의 분자량은 18이고 상온에서 액체이지만, 분자량 16의 메테인(CH_4)은 기체이고, 분자량 17인 암모니아(NH_3)는 −33°C에서 끓습니다. 앞서 언급했듯이, 물의 끓는점이 비슷한 분자량의 다른 물질보다 높은 이유는 물 분자 간의 강력한 수소결합 때문입니다. 이 수소결합을 끊는 데 큰 에너지가 필요하므로, 물이 더 높은 온도에서 끓습니다. 암모니아도 수소결합을 형성하므로 메테인보다 훨씬 높은 온도에서 끓지만, 수소결합의

물질	분자량(g/mol)	비열(J/g·K)	끓는점(℃)
물	18	4.18(액체)	100
에탄올	46	2.44(액체)	78
올레산(올리브유 성분)	282	1.97(액체)	약 360
메테인	16	2.20(기체)	−161
암모니아	17	2.16(기체)	−33

표 8-1
물과 다른 물질의 분자량, 비열 및 끓는점 비교

세기가 물보다 약해 물에 비해서는 낮은 온도에서 끓습니다.

또한 물은 비열이 높은 물질입니다. 비열은 물질의 온도를 1도 올리는 데 필요한 에너지의 양을 뜻합니다. 물의 비열은 약 4.18J/g·K로 대부분의 액체보다 높습니다. 그러므로 물은 같은 양을 데우는 데 다른 액체보다 더 많은 열이 필요합니다. 이 특성 덕분에 물은 온도가 급격히 변하지 않고 천천히 데워져, 스튜나 수프처럼 오랜 시간 끓이는 요리에서 급격한 온도 변화 없이 안정적으로 열을 전달할 수 있습니다. 그 결과 음식이 타지 않고 골고루 익는 데 도움이 됩니다.

물은 열전도율도 꽤 높습니다. 공기의 약 20~25배에 이르는 열전도율 덕분에, 같은 온도라도 물이 열을 훨씬 더 빠르고 균일하게 식재료에 전달합니다. 100°C의 오븐과 100°C의 끓는 물에 각각 달걀을 조리한다고 할 때, 삶는 쪽이 훨씬 빠르게 익는 것도 이 때문입니다. 물은 분자들이 밀접하게 배열돼 있어 열에너지를 빠르게 주고받으며 전달합니다.

여기에 대류(convection) 현상까지 더해지면 물의 열전달 효과는 더욱 높아집니다. 물이 끓을 때 가열된 물은 팽창해 밀도가 낮아지면서 위로 올라가고, 차가운 물은 아래로 내려가며 순환이 일어납니다. 이 덕분에 국이나 수프를 끓일 때 굳이 저어주지 않아도 내용물이 비교적 고르게 익으며, 파스타를 삶을 때 물이 끓는 상태에서 면을 넣으면 서로 달라붙지 않고 골고루 익는 이유도 여기에 있습니다.

그뿐만 아니라, 물은 기화열, 즉 액체에서 기체로 상태가 바뀔 때 필요한 열에너지가 매우 큽니다. 예컨대, 물 1g이 100°C에서 수증기로 바뀌는 데 필요한 열량은 약 2,257J로, 이는 같은 양의 물을 0°C에서 100°C까지 올리는 데 필요한 열보다도 훨씬 큽니다. 이 기화열은 찜 요리에서 중요한 역할을 합니다. 뜨거운 수증기가 식재료에 닿아 응결할 때 흡수했던 열을 그대로 방출하며, 식재료 깊숙이까지 열을 효과적으로 전달합니다. 수란을 만들 때 뚜껑을 덮는 것도 수증기를 활용해 표면만 익지 않고 속까지 부드럽게 조리하려는 것입니다.

한편 물의 끓는점이 100°C라는 점은 음식을 삶거나 끓일 때 온도가 그 이상 올라가지 않음을 의미합니다. 즉, 물이 충분히 있는 상태에서 끓고 있는 국물이나 찜 속 재료는 대기압에서는 100°C 안팎의 온도에서 조리됩니다. 이 때문에 물을 이용한 삶기나 찜 조리는 비교적 온화하고 균일하게 열을 전달해 음식이 타지 않고 고르게 익도록 합니다.

반면 식용유 같은 기름은 끓는점이 물보다 훨씬 높아 180°C 이상의 온도에서도 액체 상태를 유지하므로, 기름에 튀기는 조리는 물로 삶는 조리보다 훨씬 높은 온도에서 단시간에 이뤄집니다. 이 차이로 인해 삶은 달걀은 속까지 서서히 익지만, 기름에 튀긴 달걀프라이는 표면이 빠르게 갈색으로 변하며 특유의 고소한 풍미를 내는 등 전혀 다른 조리 결과가 나타납니다.

끓는점은 주위 압력에 따라 변하는데, 높은 고도에서는 기압이 낮아 물이 더 낮은 온도에서 끓습니다. 예를 들어, 해발 약 3,000미터 고산지대에서는 물이 약 90°C 전후에서 끓기 때문에 동일한 재료를 익히는 데 더 오랜 시간이 걸립니다. 반대로 압력밥솥처럼 밀폐된 용기에서 압력을 높이면 물의 끓는점이 상승해 120°C 이상의 고온을 낼 수 있습니다. 이러한 원리로 압력밥솥은 짧은 시간 안에 음식물을 무르게 익히거나 질긴 재료를 부드럽게 만드는 요리에 쓰입니다.

참고로 물에 소금이나 설탕 같은 비휘발성 물질이 녹으면, 물의 끓는점이나 어는점이 변합니다. 이런 현상을 물질의 총괄성(colligative property)이라고 합니다. 총괄성은 녹인 물질의 종류보다는, 그 물질이 몇 개의 입자로 녹아있는지(입자 수)에 따라 나타나는 성질입니다. 예를 들자면 소금을 물에 녹이면 소금이 소듐 양이온과 염소 음이온으로 나뉘어 입자 수가 많아지므로, 끓는점 상승효과도 더 커집니다.

이 원리를 이용한 대표적인 예가 아이스크림 제조입니다. 소금을 얼음에 뿌리면 얼음의 어는점이 약 -10°C 이하로 내려가 얼음과 소금이 섞인 매우 차가운 혼합물이 만들어집니다. 이 차가운 얼음물에서 아이스크림 혼합물을 천천히 저어주면 혼합물 속 물이 빠르게 얼어 더욱 부드럽고 촘촘한 식감을 얻을 수 있습니다. 또한 설탕 농도가 높은 잼이나 시럽을 만들 때도 총괄성 원리로 인해 끓는점이 100°C보다 높아져 더욱 짙은 농도를 얻을 수 있습니다.

미네랄과 경도가 물맛을 결정한다

수돗물이나 지하수에는 칼슘(Ca^{2+})과 마그네슘(Mg^{2+}) 이온 등의 미네랄이 녹아있는데, 이들 양이 물의 경도(硬度)를 결정하는 주요 요소입니다. 바위나 토양을 통과한 물은 이러한 무기질 성분을 머금게 되며, 그 함량에 따라 물을 연수(soft water)와 경수(hard water)로 구분합니다. 칼슘과 마그네슘 이온은 모두 알칼리 토금속족에 속하는 이온으로, 물에서 주로 $[Ca(H_2O)_6]^{2+}$, $[Mg(H_2O)_6]^{2+}$와 같은 6배위 수화 이온 형태로 존재합니다. 이들 금속 이온은 산소와 강한 이온-쌍극자 상호작용을 형성하며 물 분자의 산소를 강하게 끌어당깁니다. 특히 마그네슘은 전하 밀도가 높아 더 강한 수화 구조를 이루며, 이는 비누와의 반응성이나 단백질과의 상호작용, 심지어는 물의 맛과 화학 반응성에 영향을 미치는 중요한 요인입니다.

일반적으로 칼슘과 마그네슘 이온 합산 농도가 낮은 물을 연수, 높은 물을 경수라고 합니다. 연수는 맛이 부드럽고 깨끗한 반면에, 경수는 미네랄 특유의 약간 쓴맛이나 떫은맛이 느껴지고 물 자체에 무거운 감촉을 줄 수 있습니다. 경도가 아주 높은 물을 끓이면 주전자나 냄비 벽에 흰 석회질 침전물이 끼는 것을 볼 수 있는데, 이는 물속 탄산수소 이온(HCO_3^-)과 칼슘 이온이 만나 열에 의해 탄산칼슘($CaCO_3$)으로 석출된 결과입니다. 이렇게 끓이는 과정으로 제거될 수 있는 경도를 '일시적 경도'라 하고, 염화 칼슘이나 황산 마그네슘처럼 끓여도 남는 성분에 의한 경도를 '영구 경도'라고 구분합니다.

물의 경도는 요리의 맛과 식감에도 미묘하지만 무시할 수 없는 영향을 줍니다. 경도가 낮은 연수는 재료 본연의 섬세한 맛을 끌어내는 데 유리해서, 다시마로 우려낸 맑은 국물이나 차처럼 은은한 풍미를 강조하는 음식에 잘 어울립니다. 연수로 끓인 국물은 감칠맛 성분이 물에 잘 녹아 나와 맛이 깔끔하고, 차를 우리면 떫은맛이 적고 향이 순하게 살아납니다. 한편 경수는 카테킨(catechin)이나 타닌(tannin) 등의 폴리페놀과 같은 차의 성분과 결합해 침전을 만들 수 있어 차의 맛에 방해가 될 수 있습니다. 육류나 해산물에 있는 단백질과 결합하면 육즙을 수축·응고시킬 수 있어, 이 또한 국물을 우려내는 데 방해가 될 수 있습니다.

물론 경수라고 다 나쁜 것은 아닙니다. 칼슘과 마그네슘을 꽤 함유한 중·경수나 경수는 특정 식재료의 조리에 이점이 있습니다. 예를 들어 서양식 육류 스튜나 파스타 요리에는 경수를 써야 제맛을 낸다는 의견도 있는데, 경수의 칼슘 이온이 단백질과의 상호작용이나(경우에 따라 단단해질 수 있음), 조리 조건에 따라 연화에 영향을 줄 수 있어 맛과 식감에 차이를 만들 수 있기 때문입니다. 이러한 미네랄 이온은 육류의 근섬유 단백질과 결합해 구조를 안정화하거나, 추출·용해·복합화 과정을 통해 감칠맛이나 쓴맛의 지각에 영향을 줄 수 있습니다.

예를 들어 칼슘 이온은 조리 초기에 일부 산성 다당이나 폴리페놀과 복합체를 형성해 감칠맛이나 떫은맛 성분의 추출과 용해 형태에 영향을 주고, 조건에 따라 떫은맛 지각에도 변화를 줄 수 있습니다(일반적으로는 강화 경향이 보고됩니다). 다만 경도가 매우 높으면 물 자체의 미네랄 맛이 도드라질 수도 있죠. 그러므로 물속 이온 조성은 단순한 경도 그 이상으로, 맛의 디테일한 인지까지 영향을 줄 수 있습니다. 또한 파스타를 만들 때도 미네랄 이온이 전분 젤라틴화와 표면 점착 및 탄력에 영향을 줘서 식감을 바꿀 수 있습니다. 이탈리아는 중경수와 경수가 나오는 지역이 많은데, 이런 물 환경이 이탈리아의 파스타 문화 발전에 한몫한 건 아닐까요?

물을 좀 더 부드럽게 만들고 싶다면 경수를 연수로 연수화하는 방법도 있습니다. 가장 흔히 사용하는 방식은 이온교환수지를 이용한 이온교환(ion exchange)인데, 물을 여과하는 장치에서 칼슘이나 마그네슘 이온을 소듐 이온으로 치환해 경도를 낮추는 방법입니다. 이렇게 하면 물속 경도 유발 이온이 줄어들어 비누 거품이 잘 생기고 텁텁한 맛이 개선된 부드러운 물을 얻을 수 있습니다. 이온교환 외에도 물을 끓여 일시적 경도 성분을 침전시키거나, 인산염처럼 칼슘과 결합해 물에 녹지 않는 물질을 첨가해 경도를 낮추는 화학적 처리법도 존재합니다. 하지만 가정 요리에서는 첨가제를 사용하기보다 물의 종류를 골라 쓰는 것으로 충분합니다.

실제로 요리에 예민한 셰프나 바리스타들은 음식 종류에 따라 생수의 경도를 가려 쓰기도 합니다. 연수가 필요한 국물 요리에는 연수를, 약간의 미네랄이 풍미를 살리는 커피 추출에는 중·경수 생수를 선택하는 식입니다. 이처럼 물에 포함된 무기질 성분 차이가 요리의 결과와 맛에 미치는 영향은 생각보다 크므로, 물의 화학적 구성에도 관심을 기울인다면 더 나은 요리 결과를 얻을 수 있습니다.

산염기 반응이 음식의 색과 질감을 바꾼다

우리는 앞서 물의 산염기에 관한 이야기를 많이 살펴봤습니다. 그렇다면 우리 주방에서 사용되는 산염기는 어떨까요? 요리에서 흔히 접하는 식초나 레몬즙처럼 신맛이 나는 재료는 보통 산성을 띠며, 베이킹소다와 잿물처럼 쓴맛이 나거나 미끌미끌한 재료는 염기성을 띨 때가 많습니다. 우리가 일상적으로 많이 활용하는 이런 재료들은 주방에서도 아주 큰 역할을 맡는데요, 그 부분에 대해서도 조금 이야기를 해볼까 합니다.

산과 염기가 만나면 중화반응을 일으켜 서로의 성질을 상쇄해 물과 염(소금류)을 만들어냅니다. 간단한 예로 식초(주성분 아세트산, CH_3COOH)와 베이킹소다(탄산수소 나트륨, $NaHCO_3$)를 섞으면 거품이 일면서 이산화 탄소 기체가 발생하고 물과 아세트산 나트륨(CH_3COONa)이라는 염이 생성됩니다.

이는 베이킹파우더를 활용한 빵이나 케이크 반죽에서 일어나는 원리이기도 합니다. 반죽 속에 베이킹소다와 식초나 발효유 등 산성 재료를 함께 넣고 가열하면 이 산염기 반응으로 이산화 탄소 기포가 생겨 반죽이 부풀어 오르며, 결과적으로 포슬포슬한 식감의 빵이 됩니다. 과자나 빵을 만드는 것 외에도 요리할 때 가끔 음식의 신맛을 낮추려고 소량의 베이킹소다를 넣기도 하는데, 이 역시 중화반응을 이용한 것입니다.

주방에서 산성 재료는 다양한 역할을 합니다. 대표적으로 산은 단백질을 변성시키는 성질이 있어 고기를 산성 양념에 재우면 육질이 부드러워지는 효과를 냅니다. 식초나 와인, 과일 주스 등에 고기나 해산물을 재우는 매리네이드(marinade)가 대표적인 산을 이용한 조리 예입니다. 우리는 흔히 이 과정을 '양념' 정도로 생각하지만, 사실 매리네이드는 고기의 조직과 맛에 실제로 화학적 변화를 일으키는 정교한 조리법입니다.

매리네이드는 pH와 이온세기를 조절해 고기 단백질의 전하 분포와 수소결합을 변화시켜 조직을 느슨하게 만드는 역할을 합니다. 식초에는 아세트산, 레몬에는 시트르산, 와인에는 타르타르산이 들어있죠. 이들 산 성분은 고기의 단백질 구조를 느슨하게 만들고 조직을 부드럽게 풀어주는 작용을 합니다.

한편, 생선에서는 산의 효과가 특히 향에서 뚜렷하게 나타납니다. 비린내의 주성분인 트라이메틸아민(TMA)은 3차 아민으로, 산성 환경에서 양성자화($TMAH^+$) 되면 휘발성이 크게 줄고 기체로 빠져나가는 경향이 낮아져 비린내가 적게 납니다. 이게 우리가 가끔 생선류를 먹을 때 레몬즙을 뿌려 먹는 이유입니다.

근육층이 얇고 수분 함량이 높은 생선류는 산-단백질 상호작용(미오신·액틴의 부분 변성, 표면 전하 증가에 따른 정전기적 반발)이 얕은 층에서 비교적 빠르게 일어나 표면을 매끈하게 합니다. 다만 산도가 지나치면 생선 내부 단백질 사슬의 풀림과 부분 가수분해까지 진행돼 쉽게 물러질 수 있습니다. 또 낮은 pH에서는 자유 아민의 비율이 줄어 마이야르 갈변 속도가 완만해지는 경향이 있습니다. 요컨대 산은 생선의 냄새 조절과 표면 질감을 다루는 데 유리하고, 더 깊은 연화는 열/시간을 모두 고려하는 것이 중요합니다.

여기서 중요한 것은 단백질의 변성이 단순한 pH 변화뿐만 아니라, 용액 내 금속 이온과의 상호작용에도 영향을 받는다는 점입니다. 예컨대 칼슘이나 철(Fe^{3+})과 같은 다가 금속 이온은 단백질의 음전하를 띤 작용기(카복실기, 아민, 티올 등)와 배위결합을 형성해 구조적 안정성을 높일 수 있습니다. 반대로 이러한 금속 이온의 농도가 낮거나, 산에 의해 이온화 상태와 복합체 형성이 달라지면, 단백질 간 결합이 약화돼 연화가 촉진되기도 합니다. 이처럼 pH 조절과 금속 이온 조절은 함께 작용해 조리 중 단백질의 구조 변형을 결정합니다. 마치 단단하게 뭉쳐있던 실타래를 풀어주는 것처럼요.

특히 고기에는 콜라겐(collagen)이라는 질긴 결합조직이 많은데, 산성 조건에서는 이 콜라겐에 포함된 아미노산의 아민기($-NH_2$)가 양성자화($-NH_3^+$) 되며 카복실레이트($-COO^-$)는 카복실산($-COOH$)으로 중화돼 전하 분포와 수화층이 달라집니다. 그 결과 섬유 사이의 이온성 상호작용 및 수소 결합망이 느슨해져 가열 시 삼중 나선(triple helix)이 풀리기 쉬워져 콜라겐은 부드러워지고, 열을 받으면 젤라틴처럼 녹아내립니다(그림 8-2). 그래서 산성 재료에 재운 고기를 조리하면 씹기 편하고 감칠맛이 나는 겁니다.

또한 산성 양념은 고기 표면의 단백질 구조를 느슨하게 만들어 가열할 때 아미노산과 펩타이드가 더 잘 추출되도록 돕고, 향신료나 허브의 향이 고기 표면에 더 깊이 스며들도록 도와줍니

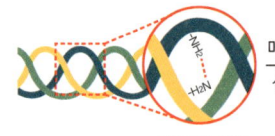  

체인 간 강한
수소결합

매리네이드
산성 조건
H⁺ 증가

약해진
수소결합

콜라겐 변성
가열

연육 과정 후
풀어진 콜라겐 구조

그림 8-2
산성 조건에서 콜라겐의 삼중 나선 구조가 점차 풀려 변성되는 과정. 수소결합이 약화하면서 삼중 나선이 느슨해지고, 최종적으로 개별 폴리펩타이드 사슬로 해리된다. 이는 고기 조직의 연화와 젤라틴화의 원인이 된다.

다. 그래서 메리네이드에 마늘과 로스메리, 바질 같은 허브를 함께 넣으면 훨씬 풍부한 풍미를 느낄 수 있죠.

하지만 좋은 것에도 적당함이 필요합니다. 고기를 너무 오래 산성 매리네이드에 재우면 오히려 겉은 질기고 속은 물컹해지는 이상한 식감이 될 수 있습니다. 해산물처럼 섬세한 재료는 30분, 고기는 종류에 따라 몇 시간에서 하루 정도가 적당합니다. 특히 파인애플 주스처럼 자연 효소가 함께 들어있는 재료는 훨씬 강력한 연화 작용을 하므로 더 주의가 필요합니다. 실제로 파인애플 속의 브로멜라인이라는 성분은 고기를 너무 오래 담가두면 입에 넣기도 전에 부서지는 식감을 만들 수 있답니다.

또한 삶는 물에 식초를 조금 넣으면 달걀흰자처럼 단백질로 이뤄진 식재료가 빠르게 응고돼 모양을 유지하는 데 도움이 됩니다. 실제로 수란을 만들 때 약간의 식초를 끓는 물에 넣으면 흰자가 퍼지지 않고 동그랗게 뭉쳐 익는데, 이는 식초 속의 아세트산이 달걀흰자의 주성분인 오보트랜스페린이나 오보알부민 같은 단백질에 작용해 산에 의한 변성을 유도하기 때문입니다. 이 과정에서 단백질 분자는 본래의 입체 구조를 잃고, 펼쳐진 사슬들이 서로 새로운 수소결합이나 소수성 상호작용을 통해 엉기며 불용성 응집체를 형성합니다.

그 결과, 흰자는 빠르게 응고돼 흩어지지 않고 둥근 형태를 유지할 수 있습니다. 산은 색 유지와 방부 역할도 하므로, 채소를 절이는 피클 액에는 식초 등으로 pH를 낮춰 미생물 번식을 억제하고, 동시에 채소의 선명한 색과 아삭한 식감을 살리는 효과를 줍니다. 예를 들어 보라색 적양배추를 식초에 절이면 안토시아닌(anthocyanin) 색소가 산성 환경에서 붉고 화사한 색깔로 변하면서 시각적으로도 식욕을 돋웁니다.

한편 염기성 재료는 단백질과 전분의 반응 경로를 달리해 또 다른 결과를 만듭니다. 대표적으로 베이킹소다는 콩이나 견과류를 삶을 때 소량 넣으면 펙틴(pectin)이나 헤미셀룰로스(hemicellulose) 같은 식물성 세포벽 성분을 분해해 조직을 부드럽게 만드는 데 도움을 줍니다. 예를 들어 병아리콩을 삶을 때 베이킹소다를 조금 넣으면 껍질이 쉽게 풀어지고 속까지 빨리 익습니다. 단백질이 많은 재료에서도 염기성 환경은 단백질 간 결합을 약화해 연화를 유도하는데, 중국요리에서도 많이 사용되는 벨벳팅(velveting) 기법이 그 예로, 고기를 베이킹소다에 재우면 단백질 표면 전하가 변화하면서 식감이 부드러워집니다.

또한 염기성 환경은 음식의 색과 풍미에도 영향을 줍니다. 채소를 삶을 때 물에 베이킹소다를 약간 넣으면 엽록소가 안정화돼 밝은 초록색을 유지할 수 있지만, 너무 많이 넣으면 조직이 물러지고 비누 맛이 날 수 있으므로 주의가 필요합니다. 프레첼 반죽을 수산화 나트륨(NaOH) 용액에 담그는 과정 또한 대표적인 알칼리 조리법인데, 반죽 표면의 pH가 올라가면서 마이야르 갈변 반응이 빠르게 진행돼 특유의 진한 갈색과 고소한 향이 생성됩니다. 마찬가지로 중화면(라면)은 반죽에 칸수이(Kansui)라는 알칼리염 용액을 넣어 pH를 높여 노란색을 띠고 쫄깃한 식감을 갖도록 만든 것입니다. 칸수이는 보통 탄산 칼륨(K_2CO_3)과 탄산 나트륨(Na_2CO_3)을 혼합한 용액으로, 높은 pH 환경이 글루텐 단백질의 전하를 변화시켜 네트워크를 단단하게 만들고, 전분의 팽윤을 억제해 특유의 탄력과 부드러운 겉면을 형성합니다. 밀가루 속 색소 성분과의 반응도 달라져 노란빛이 더 또렷해지는 효과도 함께 나타납니다.

이처럼 물에 산이나 염기를 더해 pH를 바꾸면 단순히 맛을 내는 차원을 넘어 음식의 색이나 질감, 향기에까지 다양한 변화를 줄 수 있습니다. 물의 pH 변화는 눈으로 직접 보이지 않지만, 적양배추에 함유된 천연 지시약인 안토시아닌 색소는 산성에서는 붉게, 염기성에서는 푸르게 변해 우리에게 pH 변화를 시각적으로 알려줍니다. 주방에서 펼쳐지는 수많은 화학반응 중 산염기 반응은 특히 흥미롭고도 응용 범위가 넓은 분야이며, 이를 잘 이해하면 요리의 실패를 줄이고 원하는 결과를 얻는 데 큰 도움을 받을 수 있습니다.

물이 끓을 때 화학의 매력도 솟아난다

다시 주방으로 돌아갑니다. 물이 끓는 소리는 여전하고, 뚜껑 아래 맺힌 물방울은 작은 렌즈처럼 반짝입니다. 전에는 그냥 '물이 끓고 있구나.' 하고 단순하게 생각했지만, 지금은 그 안에서 무슨 일이 벌어지는지 조금은 더 분자 세계의 모습을 상상할 수 있지 않나요? 소금이 사라질 때, 면이 부드러워질 때, 수증기가 김으로 피어오를 때, 보이지 않는 분자들의 역할이 분명히 있었던 거죠.

사실 요리는 꽤 많은 화학을 포함합니다. 비열, pH, 수소결합,

수화, 경도……. 이쯤 되면 주방은 조리 공간이 아니라 실험실에 가깝습니다. 같은 레시피를 따라 하더라도, 물을 다루는 방식 하나에 따라서도 맛은 전혀 다르게 나올 수 있으니까요.

이제 우리는 물을 단순한 조연쯤으로 생각하긴 어렵습니다. 잘만 다루면 음식의 온도와 질감, 간과 향까지 바꿔놓는, 생각보다 꽤 유능한 조력자죠. 이 정도면 거의 보조 요리사라고 해도 과언이 아니지 않을까요? 물론 이 모든 걸 몰라도 요리는 할 수 있습니다. 하지만 안다면 조금 더 흥미롭고, 가끔은 예상보다 더 멋진 결과를 만들 수도 있을 겁니다. 물의 속성을 알고 나면, 다음번에 파스타를 삶을 때 물빛이 흐려지는 모습도 괜히 더 반가울 겁니다.

그러니까 요리는 단순히 손맛만이 아니라, 아는 맛이기도 합니다.

참고 문헌

1. 깨끗하지만 순수하지만은 않은 존재, 물

"Global Network of Isotopes in Precipitation(GNIP)", International Atomic Energy Agency. https://www.iaea.org/services/networks/gnip

J. Dawson, "Tracking Movements With Isotopes", National Institute of Justice, 2015. 12. 13. https://nij.ojp.gov/topics/articles/tracking-movements-isotopes

M-S. Kim et al., "Analytical Methodology of Stable Isotopes Ratios: Sample Pretreatment, Analysis and Application", *Korean Journal of Ecology and Environment*, 2013, 46(4), 471-487.

2. 생각보다 까다로운 물질, 물

A. G. Smart, "The war over supercooled water", *Physics Today*, 2018. 08. 22. https://physicstoday.aip.org/news/the-war-over-supercooled-water

B. Dereka et al., "Crossover from hydrogen to chemical bonding", *Science*, 2021, 371(6525), 160-164.

C. G. Salzmann et al., "The polymorphism of ice: five unresolved questions", *Physical Chemistry Chemical Physics*, 2011, 13, 18468-18480.

J. F. Ouyang and R. P. A. Bettens, "Modelling Water: A Lifetime Enigma", *Chimia*, 2015, 69(3), 104-111.

J. L. F. Abascal et al., "A potential model for the study of ices and amorphous water: TIP4P/Ice", *The Journal of Chemical Physics*, 2005, 122(23), 234511.

M. Ceriotti et al., "Nuclear Quantum Effects in Water and Aqueous Systems: Experiment, Theory, and Current Challenges", *Chemical Reviews*, 2016, 116(13), 7529-7550.

S. L. Bore et al., "Phase diagram of the TIP4P/Ice water model by enhanced sampling simulations", *The Journal of Chemical Physics*, 2022, 157(5), 054504.

W. L. Jorgensen and J. Tirado-Rives, "Potential energy functions for atomic-level simulations of water and organic and biomolecular systems", *Proceedings of the National Academy of Sciences of the United States of America*, 2005, 102(19), 6665-6670.

3. 조화와 공존의 매개체, 물

C. A. Lipinski, "Lead- and drug-like compounds: the rule-of-five revolution", *Drug Discovery Today: Technologies*, 2004, 1(4), 337-341.

C. D. Schönsee and T. D. Bucheli, "Experimental Determination of Octanol–Water Partition Coefficients of Selected Natural Toxins", *Journal of Chemical & Engineering Data*, 2020, 65(4), 1946-1953.

D. F. Veber et al. "Molecular Properties That Influence the Oral Bioavailability of Drug Candidates", *Journal of Medicinal Chemistry*, 2002, 45(12), 2615-2623.

E. Christodoulou et al., "Saffron: a natural product with potential pharmaceutical applications", *Journal of Pharmacy and Pharmacology*, 2015, 67(12), 1634–1649.

J. Rautio et al., "Prodrugs: design and clinical applications", *Nature Reviews Drug Discovery*, 2008, 7, 255–270.

M. N. Bukhari et al., "Dyeing studies and fastness properties of brown naphtoquinone colorant extracted from *Juglans regia L* on natural protein fiber using different metal salt mordants", *Textiles and Clothing Sustainability*, 2017, 3(3).

4. 쓸모없기도 쓸모 있기도 한 용매, 물

A. M. Borys, "An Illustrated Guide to Schlenk Line Techniques", *Organometallics*, 2023, 42(3), 182-196.

C. W. Tornøe, C. Christensen and M. Meldal, "Peptidotriazoles on Solid Phase: [1,2,3]-Triazoles by Regiospecific Copper(I)-Catalyzed 1,3-Dipolar Cycloadditions of Terminal Alkynes to Azides", *The Journal of Organic Chemistry*, 2002, 67(9), 3057-3064.

D. C. Rideout and R. Breslow, "Hydrophobic Acceleration of Diels-Alder Reactions", *Journal of American Chemical Society*, 1980, 102(26), 7816-7817.

M. Cortes-Clerget et al., "Water as the Reaction Medium in Organic Chemistry: From Our Worst Enemy to Our Best Friend", *Chemical Science*, 2021, 12, 4237-4266.

N. J. Agard, J. A. Prescher and C. R. Bertozzi, "A Strain-Promoted [3+2] Azide-Alkyne Cycloaddition for Covalent Modification of Biomolecules in Living Systems", *Journal of American Chemical Society*, 2004, 126(46), 15046-15047.

R. Huisgen, "1,3-Dipolar Cycloadditions. Past and Future", *Angewandte Chemie*, 1963, 2(10), 565-598.

V. T. Tran et al., "Ni(COD)(DQ): An Air-Stable 18-Electron Nickel(0)-Olefin Precatalyst", *Angewandte Chemie International Edition*, 2020, 59(19), 7409-7413.

V. V. Rostovtsev et al., "A Stepwise Huisgen Cycloaddition Process: Copper(I)-Catalyzed Regioselective "Ligation" of Azides and Terminal Alkynes", *Angewandte Chemie International Edition*, 2001, 41(14), 2596-2599.

5. 생명 활동의 무대이자 연출자, 물

J. F. Tisdale, S. L. Thein and W. A. Eaton, "Treating sickle cell anemia", *Science*, 2020, 367(6483), 1198-1199.

J. Lee and C. Park, "Microfluidic dissociation and clearance of Alzheimer's β-amyloid aggregates", *Biomaterials*, 2010, 31(26), 6789-6795.

J. Lee et al., "Self-Assembly of Semiconducting Photoluminescent Peptide Nanowires in the Vapor Phase", *Angewandte Chemie International Edition*, 2011, 50(5), 1164-1167.

L. Adler-Abramovich et al., "Self-assembled arrays of peptide nanotubes by vapour deposition", *Nature Nanotechnology* 2009, 4, 849–854.

M. Reches and E. Gazit, "Casting Metal Nanowires Within Discrete Self-Assembled Peptide Nanotubes", *Science*, 2023, 300(5619), 625-627.

6. 에너지를 가득 담은 보물창고, 물

C. J. Vörösmarty et al., "Global Water Resources: Vulnerability from Climate Change and Population Growth", *Science*, 2000, 289(5477), 284-288.

J. G. Anderson, *University Chemistry: Frontiers and Foundations from a Global and Molecular Perspective*, The MIT Press, 2022.

K. Burke, "Fuel Cells for Space Science Applications", *1st International Energy Conversion Engineering Conference(IECEC)*, 2003.

P. Atkins, L. Jones and L. Laverman, *Chemical Principles: The Quest for Insight*(7ed.), Macmillan Education, 2017.

Z. Zhang et al., "Emerging hydrovoltaic technology", *Nature Nanotechnology*, 2018, 13, 1109–1119.

7. 지구를 지구답게 하는 증거, 물

A. C. Redfield, "The Biological Control of Chemical Factors in the Environment", *American Scientist*, 1958, 46(3), 205-221.

A. Sahu et al., "Environmental DNA (eDNA): Powerful technique for biodiversity conservation", *Journal of Nature Conservation*, 2023, 71, 126325.

C. Holmden and K. Muehlenbachs, "The $^{18}O/^{16}O$ Ratio of 2-Billion-Year-Old Seawater Inferred from Ancient Oceanic Crust", *Science*, 1993, 259(5102), 1733-1736.

H.-F. Li et al., "Ultrahigh-Pressure Magnesium Hydrosilicates as Reservoirs of Water in Early Earth", *Physical Review Letters*, 2022, 128, 035703.

J. Wang et al., "Selective amide bond formation in redox-active coacervate protocells", *Nature Communications*, 2023, 14, 8492.

N. R. Hinkel, H. E. Hartnett and P. A. Young, "The Influence of Stellar Phosphorus on Our Understanding of Exoplanets and Astrobiology", *The Astrophysical Journal Letters*, 2020, 900, L38.

Y. Miyazaki and J. Korenaga, "A wet heterogeneous mantle creates a habitable world in the Hadean", *Nature*, 2022, 603(7899), 86-90.

8. 맛있게 먹게 해주는 재료이자 요리사, 물

A. Fenster, "Salt is used to melt ice, but it is also used to make ice cream. Why?", Office for Science and Society, McGill University, 2017. 03. 20. https://www.mcgill.ca/oss/article/you-asked/salt-used-melt-ice-it-also-used-make-ice-cream-why

E. Dinelli et al., "Major and trace elements in tap water from Italy", *Journal of Geochemical Exploration*, 2012, 112, 54-75.

M. Qu et al., "Effects of glutenin/gliadin ratio and calcium ion on the structure and gelatinity of wheat gluten protein under heat induction", *Food Bioscience*, 2024, 58, 103704.

M. Spiro and W. E. Price, "Kinetics and equilibria of tea infusion-Part 6: The effects of salts and of pH on the concentrations and partition constants of theaflavins and caffeine in Kapchorua Pekoe fannings", *Food Chemistry*, 1987, 24(1), 51-61.

N. Saengsuk et al., "Comparative physicochemical characteristics and in vitro protein digestibility of alginate/calcium salt restructured pork steak hydrolyzed with bromelain and addition of various hydrocolloids (low acyl gellan, low methoxy pectin and κ-carrageenan)", *Food Chemistry*, 2022, 393, 133315.

P. H. Kemp, "Chemistry of natural waters-Ⅰ: Fundamental relationships", *Water Research*, 1971, 5(6), 297-311.

S. Chanmangkang et al., "Characteristics and Properties of Acid- and Pepsin-Solubilized Collagens from the Tail Tendon of Skipjack Tuna (Katsuwonus pelamis)", *Polymers*, 2022, 14(23), 5329.

S. Md. E. Rahman et al., "Marination ingredients on meat quality and safety, a review", *Food Quality and Safety*, 2023, 7, fyad027.

"Water Hardness", Baristahustle, 2020. 09. 19. https://www.baristahustle.com/water-hardness

Y. Zhou et al., "Estimation of type i collagen structure dissolved in inorganical acids from circular dichroism spectra", *Bioscience Journal*, 2018, 34(3), 778-789.

도판 출처

그림 3-2 ⓒ 이지연

그림 4-1 ⓒ 정병혁

그림 4-2 ⓒ 정병혁

그림 4-3 "The Schlenk Line", The Schlenk Line Survival Guide. https://schlenklinesurvivalguide.com

그림 4-4 ⓒ 정병혁

그림 5-1 "Sickle Cell Anemia", Cleveland Clinic. https://my.clevelandclinic.org/health/diseases/4579-sickle-cell-anemia

그림 7-1 NASA Goddard Space Flight Center. https://www.flickr.com/photos/gsfc/32407459560

그림 7-2 "Thermal ionization mass spectrometry", Wikimedia commons.

그림 7-3 "Coffee ring effect", Wikimedia commons.

그림 7-4 NASA Marshall Space Flight Center. https://www.flickr.com/photos/nasamarshall/43058702552

지은이 소개

김정민 | 부산대학교 화학교육과 교수. 물리화학을 전공했고, 컴퓨터 시뮬레이션으로 연성 물질의 세계를 탐구한다. 최근에는 지속 가능한 에너지에 관심을 갖고 연구하고 있다.

박종호 | 전북대학교 과학교육학부 교수. 질량분석기를 이용해 대기에서 일어나는 에어로졸과 기체 화합물 사이의 화학반응을 연구했다. 최근에는 극미량 금속의 동위 원소비를 정확하게 분석하는 방법을 개발하고 있다.

윤홍석 | 한양대학교 화학과 교수. 무기 나노 입자와 고분자 기반 복합체를 설계해 새로운 나노 구조체를 만드는 연구를 하고 있으며, 최근에는 이를 에너지·환경 분야 소재로 응용하는 기술을 개발하고 있다.

이준석 | 한양대학교 화학과 교수. 기능성 나노 소재를 합성하고 분석해 생화학 기반의 헬스케어 분야에 응용하는 연구를 수행 중이다. 최근에는 스텐트와 같은 체내 삽입형 의료 기기의 이탈을 막는 소재를 개발하고 있다.

이지연 | 성신여자대학교 바이오신약의과학부 교수. 화학생물학을 연구하는 과학자로서, 화학적 도구로 생명현상을 탐구하고 있다. 생체 내 다양한 효소의 반응 과정을 화학 프로브라는 물질을 이용해 추적하는데, 이 프로브가 제대로 기능하려면 물에 잘 녹아야 하기 때문에 실험 과정에서 물의 특성과 반응을 잘 이해하고 다루는 일이 매우 중요하다. 특히 노화 관련 퇴행성 질환에 관여하는 단백질 분해 효소의 역할을 연구하고 있다.

장홍제 | 광운대학교 화학과 교수. 나노재료화학을 전공한 화학자로, 생명의 구성 요소를 인공적으로 구현하려 연구하고 있다. 화학 유튜브 채널 〈화학하악〉을 운영하고 있으며, 《나노화학: 10억 분의 1미터에서 찾은 현대 과학의 신세계》(2023), 《들뜨는 밤엔 화학을 마신다》(2025) 등의 책을 썼다. 다양한 매체를 통해 대중에게 화학을 소개하고 있다.

정병혁 | 대구경북과학기술원(DGIST) 화학물리학과 교수. 유기화학 분야에서 전이 금속 촉매를 활용한 유기화합물의 실용적인 합성 방법론을 연구하고 있다. 특히 분자 내 붕소(B), 규소(Si), 저마늄(Ge) 등이 포함된 유기 메탈로이드 화합물의 합성과 응용이 주된 연구 분야다. 반응 용매로 물을 이용하는 화학반응을 개발해, 물이 유기화학 반응에 미치는 영향에 대해 많은 호기심을 갖고 있다.

최정모 | 부산대학교 화학과 교수. 생명현상을 매개하는 분자들이 어떤 원리에 따라 움직이는지에 관심을 갖고 연구한다. 연구를 거듭할수록 물의 신비한 성질이 없었다면 지구상의 생명은 지금과 같은 모습으로 존재할 수 없었음을 깨닫고 있다.

물 한 방울로 끝내는 화학 공부
8명의 화학자가 안내하는 화학의 세계

1판 1쇄 발행일 2025년 12월 22일

기획 대한화학회
지은이 김정민·박종호·윤홍석·이준석·이지연·장홍제·정병혁·최정모

발행인 김학원
발행처 (주)휴머니스트출판그룹
출판등록 제313-2007-000007호(2007년 1월 5일)
주소 (03991) 서울시 마포구 동교로23길 76(연남동)
전화 02-335-4422 **팩스** 02-334-3427
저자·독자 서비스 humanist@humanistbooks.com
홈페이지 www.humanistbooks.com
유튜브 youtube.com/user/humanistma
페이스북 facebook.com/hmcv2001
인스타그램 @humanist_insta

편집주간 황서현 **편집** 김주원 임미영 **디자인** 김태형
조판 홍영사 **용지** 화인페이퍼 **인쇄** 청아디앤피 **제본** 민성사

ⓒ 김정민·박종호·윤홍석·이준석·이지연·장홍제·정병혁·최정모, 2025

ISBN 979-11-7087-417-1 03430

- 이 책은 저작권법에 따라 보호받는 저작물이므로 무단 전재와 무단 복제를 금합니다.
- 이 책의 전부 또는 일부를 이용하려면 반드시 저자와 (주)휴머니스트출판그룹의 동의를 받아야 합니다.